Trail Planning Theory and Practice in Mountain City
山地城市步道规划理论与实践

李淑庆　李献忠　毛宏黎　编著

人民交通出版社股份有限公司
China Communications Press Co.,Ltd.

内 容 提 要

本书阐述了山地城市交通系统与步道功能作用及问题,研究了城市步行空间理论、城市步行交通理论、城市步道网络规划布局理论,总结了国内外典型城市步道规划实践经验,以及山地城市重庆市主城区步道规划实践经验,并给出了山地城市步道规划编制技术指引。

本书可作为高等院校交通工程专业、城市规划专业、土木工程专业(道路方向)、交通运输专业等本科生的教学参考书,也可作为城市规划学科、交通运输工程学科研究生及相关科技工作者进行科学研究的参考资料。

图书在版编目(CIP)数据

山地城市步道规划理论与实践 / 李淑庆,李献忠,
毛宏黎编著. —北京:人民交通出版社股份有限公司,
2018. 12

ISBN 978-7-114-14879-8

Ⅰ. ①山… Ⅱ. ①李…②李…③毛… Ⅲ. ①山区城市—城市道路—城市规划—交通规划 Ⅳ. ①TU984. 191

中国版本图书馆 CIP 数据核字(2018)第 151354 号

书　　名:**山地城市步道规划理论与实践**
著 作 者:李淑庆　李献忠　毛宏黎
责任编辑:郭红蕊　周　凯
责任校对:孙国靖
责任印制:张　凯
出版发行:人民交通出版社股份有限公司
地　　址:(100011)北京市朝阳区安定门外外馆斜街 3 号
网　　址:http://www.ccpress.com.cn
销售电话:(010)59757973
总 经 销:人民交通出版社股份有限公司发行部
经　　销:各地新华书店
印　　刷:北京虎彩文化传播有限公司
开　　本:787×1092　1/16
印　　张:9
字　　数:210 千
版　　次:2018 年 12 月　第 1 版
印　　次:2018 年 12 月　第 1 次印刷
书　　号:ISBN 978-7-114-14879-8
定　　价:39. 00 元
(有印刷、装订质量问题的图书由本公司负责调换)

前 言
Preface

　　步行交通是人类重要的传统交通出行方式。在现代交通方式的相互转换中，步行交通起到了非常重要的作用；在山地城市居民出行中，步行交通更扮演着无可比拟的角色。步行是山地城市绿色交通体系中的重要组成部分，大力推进山地城市步道规划建设，对于缓解城市道路交通拥挤、促进低碳出行和增强山地城市居民的体质、营建和谐的山地城市人居环境等都具有重要意义。

　　山城步道作为山地城市特有的绿色慢行交通设施，具有独特的步行开敞空间，历来是山地城市人们主要的出行方式和公共交往的场所。随着社会的持续发展和人民对生活质量要求的不断提升，山地城市步道的重要性日益显现。山地城市步道，不仅能延续交通功能、改善人们出行质量、复兴公共交往功能，还能拓展观光游览功能、展示山城风貌、延续地域文化。

　　本书由重庆交通大学李淑庆教授主导编著；李献忠博士参与了第五章、第六章内容的编著；重庆交通大学研究生毛宏黎同学参与了第二章、第三章、第四章内容的编著。

　　本书的付梓，得到重庆市规划和自然资源局的大力支持，在此深表谢意。

李淑庆
2018 年 11 月于重庆

目 录

Contents

第1章 山地城市交通系统与步道

自古以来,步行就是人类重要的交通出行方式,在山地城市交通出行中更扮演着极为重要的角色,也是山地城市绿色交通体系中的重要组成部分。大力推进山地城市步道规划建设,对于缓解路面机动车交通拥挤、促进低碳出行和增强山地城市居民的体质、营建和谐的山地城市人居环境等都具有重要意义。本章主要介绍山地城市独特的地形与空间特征,分析山地城市交通系统特点,并介绍山地城市步道的几种基本形式。

1.1 山地城市地形与空间特征

山地城市,是指坐落于山区河谷内的城市,从地理学划分角度来看,山地城市通常分布于多山、丘陵或是崎岖陡峭的高原地带。与平城市相对应,山地城市通常地形地貌极其复杂,城市布局依附山势高低起伏,层状地貌明显;山地城市形态往往被山脉、冲沟、河流、谷地所分割,地貌造型各样,城市不同区位皆呈现截然不同的风格,见图1-1-1。黄光宇先生在《关于建立山地城市学的思考》中指出,由于山地垂直地貌特征给山地城市带来地形、气候、生态等诸多问题,在不断适应山地特征的过程当中,造成了分台聚居和垂直分异的人居空间环境,从而形成了山地城市独特的空间特征[1]。

图 1-1-1　山地城市地形空间模拟图　　　　　　　　　　　　扫码看彩图

山地城市独特的空间特征决定了绝大部分山地城市的城市规划多采用松散、分片集中的多中心组团式布局,充分利用有限的土地资源,因地制宜,使城市与自然条件融为一体,山中有城,城中有山,彰显城市活力与特色。

山地城市的空间特色多表现为如下几点:

(1)城市以自然山体绿色屏障为环抱。

(2)以山体为绿核,山峰点缀城市。

1

（3）山体作组团式城市的生态绿楔及绿带。

（4）山峰作城市空间制高景点。

（5）山体多与水体呼应，城市倒影水体之中。

1.2　山地城市交通系统

山地城市居民的各种交通出行方式体现了山地城市交通系统在以人为节点层面上的具体情况，反映不同交通方式对城市交通供给的贡献，揭示了人们的出行规律与偏好，因此需有与之相适应的交通规划策略，以提升城市交通运行的综合效率。

1.2.1　山地城市交通出行方式

山地城市由于特殊的地理环境，其交通出行方式与平原城市相比呈现多样化的特征。山地城市除了拥有步行、非机动车（较少）、常规公交、轨道交通、出租汽车、小汽车等常规的交通方式外，还有室外大梯道、室外隧道、室外自动扶梯、缆车、过江索道、过江吊车等交通方式，这些山地城市特有的交通方式和设施能够克服地形高差的限制，体现出立体交通的特点，是山地城市重要的城市名片[2]，见图1-2-1。

图 1-2-1　山地城市的多种交通方式

1）步行

无论城市出行者以何种交通方式出行，步行都是各交通方式的基础。步行一方面可实现城市居民的短距离出行（一般为1.5公里以内），另一方面作为与其他交通方式之间的过渡与接驳。步行的自由性、可达性、高体验优势很好地弥补了其距离受限、速度较慢的劣势，在山地城市的日常生活当中发挥着不可替代的作用。

2）非机动车

非机动车主要包括自行车、电瓶车等，出行机动灵活、使用方便、维修保养费用低，在平原城市非机动车可作为中短距离出行的重要工具。但山地城市地形复杂，路窄弯急坡纵大，很多山地城市道路规划设计时亦未考虑设置非机动车道，同时非机动车的出行受天气影响大，所以山地城市的非机动车出行率通常很低。

3）摩托车

摩托车与非机动车具有类似的出行优势，并且其爬坡能力远强于非机动车，其出行成本虽高于非机动车,但仍远低于小汽车,所以摩托车在山地城市尤为盛行。但很多山地城市道路规划设计时,也未考虑设置摩托车车道。同时,摩托车机动性高,常常穿梭于汽车流之中,安全性低,对城市道路交通运行秩序存在一定的负面影响。我国很多城市都实行了"禁摩限摩"措施,近年来摩托车出行率有所降低。

4)私人小汽车

随着我国经济的快速发展,私人小汽车的拥有率与出行率不断提高。私家车一方面为城市居民提供了极大的便利,另一方面也造成了交通拥堵、污染排放等诸多"城市病",这对我国城市交通管理,特别是山地城市交通管理具有极大挑战性。

5)出租汽车

出租汽车包括巡游出租汽车和网约出租汽车,主要为出行不便群体、城市高收入群体、时间要求高的群体以及外来旅游人员和商务人员服务。出租汽车具有起始点和停靠站点不固定、行驶路径随机,在特定时间段只能为少数乘客服务的特征。出租汽车交通方式虽是公共交通方式的一定补充,但出租汽车仍属于小汽车,一个城市的出租汽车规模应控制在一定比例,当城市公共交通出行条件得到改善,吸引力不断提高时,出租汽车出行比例也应下降。

6)公交车

公交车作为城市公共交通的重要组成部分,服务大众,出行成本低,是满足城市大量出行需求的重要出行方式。公交车建设周期较短,投入较少,占用城市道路空间小,是解决我国大城市人多地少等众多难题的有效交通方式之一,但公交车一般需在地面运行,缺少专用道路或车道,在当今城市交通非常拥堵的状况下,其吸引力面临挑战。

7)轨道交通

发展轨道交通是解决城市交通出行最有效的措施之一。但山地城市修建地铁成本巨大,可结合地形地貌建设一些轻轨,既能保护山地城市天然的城市形态不被破坏,又能兼顾交通的便利,且造价较低。

8)过江索道

山地城市通常依山傍水,修建索道也是解决过江出行的重要思路。比如,长江索道和嘉陵江索道是重庆市重要的城市名片与特色,在山城重庆的交通发展过程中一直发挥着独特的作用。

9)其他交通方式

轮渡、自动扶梯也是山地城市特有的交通方式。轮渡曾经是常用的过江交通工具,如今逐渐被机动车所代替,但其依旧是公共交通的辅助方式。自动扶梯是为解决山地城市居民爬坡上坎的劳累而修建的具有山地城市特色的交通方式[3]。

1.2.2 山地城市的道路交通特点

山地城市大多位于山谷中,地形起伏不平,自然与生态环境复杂,地质构造复杂,甚至会出现山脊沟谷直接相连的情况,城市发展形态与空间受到很多因素的约束。为克服高差,道路走向多沿坡地或山体蜿蜒。山地城市道路形态立体、自由、多向,外观层次感较强,空间变化丰富,具体表现如下[4]:

（1）道路路幅较窄、坡度较陡、曲线多、弯度急、桥隧多。

（2）道路线形受制约于自然条件，通常非直线系数较大。

（3）城市道路呈自由走向，路网架构多为自由式布局，畸形交叉口较多。

（4）道路等级、功能划分难明晰，道路级配很难合理。

1.2.3 山地城市交通出行特征

1）山地城市步行比例高

据调查，山地城市居民的交通出行主要依靠步行和机动车，如重庆、贵阳、遵义等山地城市居民的步行出行比例均达到50%[5]，见表1-2-1。

西南地区部分山地城市交通方式结构（%）　　　　　　表1-2-1

城　　市	步行	自行车	公交车	出租汽车	小汽车	摩托车	其他
重庆主城（2007年）	50.39	—	35.10	5.09	8.15	—	1.28
贵阳（2002年）	62.40	2.70	26.60	1.00	1.60	4.90	0.70
遵义（2004年）	65.60	0.70	29.80	1.40	1.20	0.80	0.40
万州（2006年）	71.94	—	19.77	0.89	5.16	2.12	0.12

2）山地组团城市组团内部出行比例较大

山地城市一般为多中心组团式布局，各个组团配套设施较为齐全，组团内部近距离出行比例相对较高，这也是山地城市步行比例高的一大原因。

1.3 山地城市步道

城市步道是城市交通基础设施的基本组成部分，城市步道一般包括人行道、人行横道、人行天桥与地道、步行街巷、商业步行街、通勤步道、休闲健身步道等。山地城市步行街巷、山体与滨水步道等与山地城市融为一体，形成了以交通功能为主，集休闲旅游为一体的山城步道体系，促进步行与公共交通间的相互转化，有利于"公交优先"和"绿色交通"理念的体现，并承担着山地城市居民较大比例的短距离出行和作为公众生活空间的载体。

1.3.1 常规交通性步道

山地城市常规交通性步道在构成上与一般城市差异不大，包括沿街人行道、人行过街通道、区域性步行通道三部分，组成了城市整体步道网络的骨架，承担着大量城市居民日常出行，并且为公共交通方式的换乘提供空间基础。

1）人行道

人行道的布局和走向主要根据城市道路网的结构和布局进行延展，实现城市步道体系的基本交通可达性，为机动车和行人之间、沿街建筑与行人之间、行人与公共交通之间提供交互空间和转换平台，同时促进沿线商业、办公、娱乐的发展。看似普通的人行道空间，实际上却是城市发展的基础，为人们的出行、交往提供了通道和平台，有助于积淀城市历史人文底蕴。

2）人行过街通道

人行过街通道可以按空间跨度分为三类：一是路面的人行横道，二是地下通道，三是人行过街天桥。三者都提供垂直于道路轴线的穿越，分别有各自的特点。

人行横道对于有过街需求的步行者来说，在使用人行横道时不需要克服垂直方向上的高差，过街方向、指引明确，过街省力且步行距离最短，但是存在一定的安全隐患，行人与机动车的冲突只能通过信号控制的方式从时间上分离。从经济角度来说，人行横道的规划设置是费用最省的。

地下通道从空间上将步行者与机动车之间的冲突进行了分离，保障行人过街安全。地下通道作为地下空间，避免风吹日晒雨淋，抵抗恶劣天气的能力较好，不占用地面空间，不影响城市景观。但行人需克服垂直高差，且地下通道常有光照度不够、空气质量较差的情况。同时，由于山地城市的山体地质因素，地下通道的修建费用较高，工程量较大。

人行过街天桥和地下通道一样，能保障行人安全，过街环境独立、明亮。设计巧妙的天桥同时也是城市景观的一部分。行人走人行天桥需跨越较大高差，消耗体力大。过街天桥的造价一般较地下通道低。

1.3.2　城市商业步行街

城市商业步行街按照空间范围可分为地面步行街、地下步行街、空中步行街。

地面步行街一般按交通形式可分为完全步行街和人车共存步行街。地面步行街的打造通常结合山地城市的起伏地形，顺势建造具有一定景观价值的假山、喷泉、绿篱等，形成兼具商业功能和休闲功能的步行街。

山地城市地形起伏，在地形限制或城市空间资源紧张时，通常会考虑建造地下商业步行街，这不仅能转移地面的人流量，一定程度上缓解交通拥堵，节约能源，而且还有利于空中、地面、地下步行空间的立体化建设。地下步行街建设可结合山地城市的生态公园、游乐场、地下商场，见图1-3-1，还可结合地铁、火车车站等交通枢纽，形成地下综合体。

图1-3-1　重庆观音桥商圈地下商业步行街

山地城市空中步行街可分为两类，一类以山地地理环境为依托，沿山形走势建造步行街，凌驾于城市平面上空，集交通、生态景观、旅游、商业等功能于一身；另外一类是以行人过街需求或是商业建筑之间的空中联系为基础的空中连廊，既满足商业流通、行人穿越，又可以作为城市景观。空中步行街是山地城市的一大特色，如重庆的龙湖时代天街（图1-3-2、图1-3-3）。

图 1-3-2　重庆龙湖时代立体步行街　　　　　图 1-3-3　重庆龙湖时代天街空中连廊

1.3.3　山城步道

　　山地城市地形多变,城市各区域高差各异,建筑布局也伴随着地形错落有致,人们的日常出行通常需要爬坡下坎,伴随着城市的一点点变迁和发展,渐渐形成了山地城市特有的"梯坎文化"。山城步道是山地城市步道的重要组成部分,指适应于山地城市的地形条件,依山就势设置连接城市功能组团主要公共活动空间、公共交通或居住密集区域的步行专用通道。

　　山城步道两旁一般间断分布着居民临街建筑,建筑与步道间形成的空间也常常成为居民邻里间交往的空间,很多步道街巷间也分布着茶馆、小饭馆、小卖部等,既能满足公众需求,又能向公众提供公共生活空间,城市居民对此也产生了浓重的文化认同感和心灵的归属感。山城步道不仅方便人们之间的交通与交往,而且也成为与山地城市山水相协调的特色鲜明的景观。例如,重庆渝中半岛(图 1-3-4)、涪陵江南片区、万州西门坡等区域都分布着大量步道。

图 1-3-4　重庆市渝中半岛步道

　　山城步道可按照步道形式、依附条件、使用功能进行分类,具体如下:

　　1)按步道形式分类

　　一般来讲,传统山城步道按形式可分为栈道、梯道、檐廊等[6],不同形式具有不同的特点。

　　(1)栈道

　　栈道,是我国西南、华南等地区特有的一种人行交通方式。它往往沿山体修建,成为人们上下山体的捷径和观景平台,在我国古代经济和军事上都起过十分重要的作用。栈道因原材料和环境因素,形成不同的类别和形式,从材质上栈道可以分为木栈和石栈两大类[7]。

①木栈,民间俗称偏桥,加盖以后人们又称为阁道、栈阁,分标准式、依坡搭架式、悬崖搭架式和无柱式。

标准式:多临水而设,将木梁置入陡峭崖壁上凿好的孔洞中,下部有直立的木柱支撑,于梁上铺木板成路,见图1-3-5。

依坡搭架式:在坡度25°~30°的倾斜山坡凿孔立梁,下面利用斜坡凿孔立直柱和斜柱托梁,在梁上铺木板成路。有时为了防止山坡滚石和流水,在壁梁孔上架阁,即加盖顶棚,成为阁道,见图1-3-6。

图1-3-5 标准式木栈

图1-3-6 依坡搭架式木栈

悬崖搭架式:在一些笔立的陡岩处,既不可能于水中立柱,又不可能依坡立柱,而在需要立柱的地方采用悬崖搭架式。一般这种悬崖式栈道为防落石和流水,会加盖顶棚,成为阁道,见图1-3-7。

无柱式:俗称空木桥。这种栈道一般是在崖陡水深处仅于崖壁凿孔,而后立柱铺木板而成,见图1-3-8。

图1-3-7 悬崖搭架式木栈

图1-3-8 无柱式木栈

②石栈,民间俗称偏路。

凹槽式:即将山崖剥凿成石槽,道从槽中通过,为石栈最典型的形式。

无柱式:形式与木栈无柱式基本相同,但仍以石料作梁和铺筑而成。

堆砌式:利用碎石按几何力学原理堆砌而成,同时在石壁上使用少量的缝合剂。

例如,重庆的南纪门—观音岩段山城步道、鹅岭步道,都是典型的栈道,极具城市特色和景观价值,见图1-3-9、图1-3-10。

图1-3-9　重庆南纪门—观音岩段山城步道

图1-3-10　鹅岭栈道

（2）梯道

梯道是传统山城步道中最常见的形式之一,较好地解决了城市地形出现垂直高差时城市居民的出行载体需求。梯道走向适应于山地地形,通常与城市植被、花圃、流水等自然景观紧密结合,也是展示城市形象的重要方面。

①梯道布置特点。

按照地形坡度不同,梯道的布置形式也不同:坡度在3%以下的称为平坡地,此类地形相对平坦,无需设计梯道;坡度在3%~10%的称为缓坡地,此时的梯道大多踏步较宽、高度较小;坡度在10%~25%的称为中坡地,此时梯道的特点是踏步与休息平台相结合;坡度在25%~50%的称为陡坡道,梯道特点与中坡地梯道相似,同样将踏步与休息平台相结合;坡度在50%~100%的称为急坡地,这类地形中,梯道多为折线形布置[6]。

②梯道与城市空间的联系方式。

穿越式:穿越式梯道的影响范围最小,往往作用于街道空间的某一节点,分为上跨和下穿两种形式。上跨式梯道主要指梯道从城市空间上方跨越,当用地之间有障碍物(如城市干道),且该障碍物高程至少与一侧用地相近时较多采用这种形式。这种立体交通形式在空间集约使用和丰富空间景观层次上有较大优势[8]。下穿式梯道主要指梯道从城市空间下方穿越。当用地之间有障碍物(如高架桥),且该障碍物高程远高于一侧用地时多采用这种形式。除了满足基本的通行需求外,这种方式也常常出现在山地城市综合体的设计上。在城市综合体里,梯道在多层次立体交通组织的过程中呈现与建筑共生的局面,建筑内部成为梯道系统的一部分,城市空间和建筑的界限变得模糊,城市、建筑一体化得以彰显,见图1-3-11。

图1-3-11　典型的穿越式梯道

并联式:并联式梯道以街道为单位,涉及范围较小,在同一街道范围内存在高差变化时,通过并联式梯道将各个部分联系起来组成一个有机整体融入城市空间。

串联式:串联式梯道涉及范围较广,在城市功能区或者街道之间存在高差时,通过梯道的串联,加强各个部分之间的联系,形成互通、完整的城市空间格局,见图1-3-12。

(3)檐廊

檐廊是建筑物底层出檐下的水平交通空间,它的出现与山地城市湿热多雨的气候特征有关。例如,重庆大部分地区在盛夏时节平均气温在28℃左右,极端炎热天气下可持续超过40℃,一年之中降水日数多达45~55天。

无论是夏日的雨热同季,还是秋日的连绵细雨,都给山地城市居民的外出活动带来不便。于是,人们为了遮光避雨将屋檐越做越大,当简单的出挑不能支撑大面积出挑的屋檐时,加柱的檐廊形式开始出现。根据步架的多少,檐廊空间的宽窄出现相应的变化。步架越多,檐廊越宽。较窄的檐廊多仅供自家使用,三四个步架以上的大檐廊则可满足商业交易和公共活动的需要。例如,重庆磁器口就存在大量富含特色的檐廊,见图1-3-13。

图 1-3-12　重庆市大坪串联式梯道　　　　　图 1-3-13　重庆瓷器口步行檐廊

2)按依附条件分类

城市步道总会依附于某一实体空间展开。按依附条件,山城步道可分为步行街巷、滨水步道、山体步道三类。

(1)步行街巷

步行街巷依附于城市路网和城市建筑、街坊、小区等空间展开,是城市重要的空间遗产类型,代表山城步行交通特色,并作为承载山城历史人文景观的步行空间。步行街巷常常串联了社区公园、商业步行街、人文景点、公园、广场等城市开放空间,并且在城市交通网络中与轨道站点、公交站点进行接驳,有利于步行人流的集散,见图1-3-14[9]、图1-3-15。

(2)滨水步道

滨水步道是指设在滨水地带,供市民亲水休闲和游客游览观光为主的步道,部分滨水步道兼具一定的交通功能。山地城市滨水区域一般形成连绵不断的步道系统,为市民提供连续的活动路径及场所。同时,滨水步道沿线营造的亮丽怡人的景观环境与形象,充分展示了山地城市江河之美,为市民营造了良好的滨水生活氛围。

滨水步道通常是带状的开放空间,经过精心规划设计的滨水步道采用多样性的景观设计,给人闲静、平和的心理感受,步道沿线还会配套设置石质步道、栈道、自行车道、观景平台、休闲平台等,见图 1-3-16、图 1-3-17[9]。

a)   b)

图 1-3-14　传统重庆步行街巷

图 1-3-15　重庆渝中区文化宫步行街巷　　　　　图 1-3-16　城市内部滨水步道

图 1-3-17　重庆南滨路滨水步道

（3）山体步道

山体步道是指位于城市建成区及边缘的山体中的步道,主要功能是供市民休闲健身。山体步道通常顺应地形,沿山体等高线设置,集成了经过地区的生态、文化和景观特征,步行线路通常比较多样化,保证了行人能更多地体验登山的乐趣。

同时,山体步道沿线根据地势特点,在山体步道的梯道平台、观景平台或长距离暴露在阳光下的路段中部设置美观的亭、廊等遮阳避雨设施,为行人提供驻足休息空间,同时辅之以反映地方历史、文化、民俗等方面的设计,如重庆的建兴坡、十八梯、鹅岭公园等,都是特色明显的山体步道,见图 1-3-18、图 1-3-19。

图 1-3-18 重庆鹅岭山体步道

图 1-3-19 重庆南岸区山体步道

3）按使用功能分类

按照使用功能,山地城市步道可分为通勤步道与休闲健身步道。

通勤步道:指串联城市功能组团、衔接公共交通站点、供市民绿色出行的山城步道。如重庆市的十八梯,串联渝中区上半城繁华商业区与下半城老城区,通勤作用显著,见图 1-3-20。

通勤步道往往长度较长,在区域里呈方向性的骨架分布,能弥补城市道路自由度和可达性的不足。例如,重庆市渝中区 2003 年规划的九条步道,其中有八条步道为西南走向,一条步道为东南走向,其长度都在 1.2 公里以上,实现渝中半岛南北向的步道网络化(图 1-3-21[9])。该类步道通常与城市地形较好地结合,沿线分布着不同发达程度的商业、休闲区,以交通性功能为主。

图 1-3-20 重庆渝中十八梯

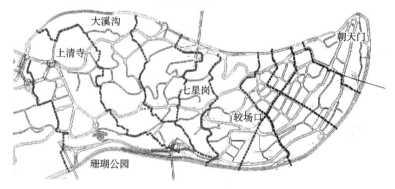

图 1-3-21 渝中网络化步道

休闲健身步道:指连接城市居住区、公园绿地、历史文化景点、城市自然资源等,供市民休闲、游憩、健身等的山城步道。如重庆市江北铁山云梯、白市驿登山步道、巫山文峰观步道等,见图 1-3-22。

图 1-3-22　巫山文峰观步道

1.4　山地城市步道规划研究与实践的意义

1.4.1　山地城市步行系统现存的问题

近年来,随着我国机动车保有量的逐年攀升,城市交通拥堵日益严重,山地城市本身土地利用受限加之不断展开的旧城改造与道路拓宽工程,对山地城市传统步行空间载体如步行街巷、人行道、山城步道的生存等形成了严峻挑战。富含特色又方便人们出行的步道生存空间被一再压缩,取而代之的是机动车道数量或宽度的增加。一些山地城市的步道在规划、管理层面也存在诸多问题,步行空间的品质日趋下降,主要表现为如下两方面:

1)步行空间秩序混乱,连续性不足

山地城市土地开发强度高,步行过程经常在高密度、高容积率的范围内发生,空间环境复杂多样,易导致步行秩序混乱。已有步道通常依附于某一需求点进行建设,未能较好地与城市绿地、公园、广场、公交场站等衔接,缺乏对步道的网络化考虑,空间连续性差[10]。

2)步道规划不足、管理不利

到目前为止,国内各大城市仍以"车本位"为导向进行城市综合交通规划,较少进行步道专项规划,且规划设计理念亟待更新,没有实现精细化、以人为本的步道规划。同时,城市步道的管理缺乏有效执行,小商贩随意侵占步道、步道设施的缺位和落后,极大地损害了居民的步行环境。

1.4.2　规划建设山地城市步道的必要性

我国已经迈入机动化时代,机动车的数量在不断增长,而城市道路交通系统已经愈加不堪重负,道路红线的不断加宽、机动车道的不断拓宽,小汽车占领了越来越多的城市空间,而步行这种如吃饭饮水般平常的交通方式受到了长久的忽视。

特别是对于山地城市,步道规划建设的必要性不言而喻。

首先,山地城市步道是城市综合交通体系的重要组成部分。步行作为山地城市二元交通出行结构中的一元,其交通方式分担比例约为50%,山地城市步道极大地提高了居民出行的机动性和可达性,增强了行人的自由度,一定程度上弥补了非机动车交通缺失所带来的影响;山地城市步道有效提升了居民短程出行效率,填补了公交服务空白,反过来有力地促进了行人与公共交通的转换,确保了公交优先发展。

其次,山地城市步道与城市发展、公众生活紧密联系。山城步道创造了山地城市居民的重要生活空间,促进了人与人之间的交往和联系,为居民休闲、健身、观光提供了场所;而人的交往流动反过来促进步道沿线或周边的商业发展,丰富和完善了城市步道的游憩、休闲、聚会等功能。更重要的是,每一条步行街巷、梯道等都蕴藏着当地的地域风貌、文化沉淀,饱含着许多故事,体现了对地方文化的传承。

最后,山地城市步道与城市景观设计相协调,符合绿色交通发展理念。山地城市地形复杂多变、起伏不平、错落有致、依山傍水,城市步道顺应地形时而蜿蜒曲折、时而平顺柔和,与沿途草地、绿篱、乔木等绿色植被相搭配,为行人形成了良好的视觉感受,对长期生活在繁华都市的快节奏生活的居民来说,有着强烈的吸引力。良好的步行生态鼓励着人们步行与低碳出行,形成生态与景观并重的步道体系,见图1-4-1。

图1-4-1 山地城市步道与公众生活的紧密结合

1.4.3 大力推进山地城市步道规划理论研究与实践

大力推进山地城市步道规划理论研究和实践,对于山地城市人性化慢行交通体系的建立以及和谐人居环境的营建,具有重要支撑作用。打造有序、和谐、安全、高效、人性化的山地城市步行环境,需要从如下四个方面着手:

(1)明确山地城市步道的概念、功能定位,结合国内外现行发展理论,分析现代山地城市步道发展趋势。

(2)认真总结国内外步道规划实践经验,总结出一套系统、完善的适用于山地城市的现代步道规划理论方法。

(3)从规划思想与设计理念上确保以人为本思想的指导,更多地关注"人"出行的问题,摒弃"车本位"的思想,抑制小汽车交通的过度发展。

(4)进行山地城市步道规划,应从多维度进行综合考虑,实行分区域、分层次且与既有城市综合交通体系相互协调和补充的可持续规划,保证规划的实用性、前瞻性。

第2章 城市步道规划基本理论

交通规划理论是人们把交通规划实践中获得的认识和经验加以概括和总结所形成的知识体系,对城市交通的科学规划具有积极的指导作用。本章着眼于对国内外步道规划相关理论的梳理总结,奠定步行空间剖析、实践过程刻画、规划技术指引等工作的理论基础。

2.1 国内外步道规划理论研究概况

2.1.1 国内步道规划理论研究概况

在过去以机动化为导向的城市交通规划指引下,我国在城市道路规划理论方面取得了大量成果。随着以人为本思潮的回归,越来越多的学者聚焦于城市步道规划理论的研究。

1)城市更新背景下的步道规划理论

"城市更新"是一种将城市中已经不适应现代化城市社会生活的地区做必要的、有计划的改建活动。传统的城市更新以机动化交通为改造主体,使得人车交通冲突、城镇中心区衰败、环境和能源危机等城市问题更为突出[11]。随着旧城区人口的密度与建设密度的不断提升,以人为导向的城市步道体系规划建设是激发区域活力的关键。在城市更新背景下,步道规划需要在现有城市发展条件下,结合不同的用地特征和城市需求进行规划策略的研究。

城市更新理论以焕发城市活力为目标,城市活力的重塑离不开高度的步行适宜性。城市更新下步行系统理论和步道规划方法研究的结合,通常需要根据城市步行交通状况以及未来的发展和需求,制定步行系统发展战略和措施。步道规划要素主要包括步行功能空间、步行路径和网络、步行设施和环境三个方面。步行功能空间是促使以步行为载体的各类购物、休闲、工作通勤等活动发生的场所;步行网络和路径是在城市步道体系中联系不同地点的通道,包括依托城市道路形成的人行道和存在的步道;步行设施和环境是围绕或分布在步行路径和网络上的各种设施。城市更新的进化方向应充分与步行功能空间、步行路径和网络、步行设施和环境相协调,城市步行活力的充分激发是人本位导向城市更新的关键[11]。

2)主动干预式步道规划理论

国内已有学者开始关注基于步行的主动式健康干预的人居环境规划建设,有研究指出,吸引人们主动步行出行、方便参与健身锻炼等增加人群体力活动机会的人居环境是有效增强人群健康、遏制慢性病发生的重要途径[12]。可步行城市具有高度的步行适宜性,可以减少对机动车的依赖,吸引人们主动步行,从而达到缓解机动性主导的城市发展带来的城市问题,遏制城市慢性病发生和促进居民健康的目的。该规划理论的核心在于从城市空间布局和环境感知上为步行出行提供便利和条件,从区域、社区、街道三个层面提出主动干预式步道规划策略[13]。

区域层面主动干预式的步道规划理论提倡混合的土地利用模式,提高土地利用混合度和强度,缩短居民步行距离和时间,增加步行的便利性。

社区层面以步行距离来组织社区布局,各服务设施按照使用频率和类型考虑步行距离,进行级差布局;提高新社区的道路网络连通性[道路交叉口密度、步行直线系数(PRD,Pedestrian Route Directness)、街坊尺度、路段节点比等指标的控制],对既有社区进行连通性评价,优化路网格局;根据行人出行目的频率和需求,重点考虑公交站场、公园和商业购物设施的布置,同时通过土地利用的细化提供多样的日常服务设施;提高公共交通换乘的便捷性、绿道系统舒适性和步行空间安全性。

街道层面主要关注步行环境的美观性和舒适性,并从提高视觉丰富性和设施舒适性两方面进行主动式干预。街道空间是人们步行出行的基本空间构成要素,人们对街道的视觉感知以及对街道设施使用便利程度的感知直接影响人们是否选择步行出行。

总之,主动干预式步道规划通过控制物质环境(建筑的类型和数量、多样的建筑风格和内部装饰、景观元素、标志、街道家具及人的活动)为行人提供丰富的视觉感受,吸引行人步行;同时借助座椅、公厕、小品景观、护栏、坡道等的合理设置,提高步行的舒适性,满足不同人群的步行需求。

3)生态和谐视角下的步道规划理论

人与自然和谐发展需要改善城市生态环境、优化人居环境、强调人与自然环境的良好互动。这要求首先尊重城市原有地形和生态环境,促使步行体系与城市功能结构的协调;其次注重人在行走过程中的人文观感以及安全性、舒适性等。因此,生态和谐视角下的步道规划理论强调城市步道的规划建设与其自然地形环境紧密结合,并与城市功能高度融合[14]。

宏观层面。步行交通应当理解为城市交通的重要组成部分,通过选择与城市环境相适应的步行空间结构及组织形式,协调步道体系的生态性、系统性、网络化,注重与其他交通方式的转换、集散,将"步行城市"(Car free Cities,Crawford JH.)提升到城市发展模式的高度,划分不同步行分区来系统组织城市步道网络,形成与城市生态建设并进的步行环境建设。

中观层面。重点理解为城市步行空间,更注重分区范围内步行空间的结构与体系。主要从空间和土地利用角度,运用城市设计理论,具体分析城市步行与车行系统、绿地系统、城市地形、用地之间的关系。

微观层面。在城市中心区、商业步行街区、滨河地区、山体空间等层面进行,重点关注空间环境的品质、与建筑的协调、环境景观设计与营造等方面,在宜人的尺度下注重步行空间的人性化设计,包括步道的选线、步道设施、步行空间景观以及节点交通衔接等。

4)步行导向的城市规划理论

城市是一个复杂的巨型综合体系统,城市的空间特征、功能组成和土地利用属性反映了城市形态,在城市形态当中包含着各种流动,如人流、物流、信息流等,不断刺激和推动着城市的发展,而城市发展的最终目的是服务人,所以人的流动是实现其他流动的基础,也是产生城市需求的源头。人的流动从根本上来说是依赖于步行的,所以步行与城市的发展建设一直以来都是息息相关的。国内目前尚未提出完整的面向步行友好的城市规划理论,而是更多地通过城市定位以及实际调研着手,局限于从城市规划的出发点以及各个环节进行相关的革新。

城市规划的主要内容是确定城市功能与发展空间。城市空间体现了城市所有的形态、功能、布局,对城市空间进行有效而又合理的管理和控制,是十分有必要的。在管治层次上,通常把城市空间分成适建区、限建区和禁建区,把城市空间划分为开发程度不尽相同从而形成不同产业布局和功能的分区,使得城市规划建设与交通运输战略布局有序进行。在具体的详细控制上,通过紫线对城市历史文化遗产、文物古迹、古代墓葬群、古城遗址、历史村镇、历史街区等进行规模控制;通过绿线划定生态保护区、水源保护地、公共绿地、防护林、生物多样性保护区、永久性基本农田等进行保护;通过蓝线划定海岸线保护区、江、河、湖等水系,加强对宝贵水系的保护;通过黄线划定交通、污水、垃圾处理、公共交通枢纽站、停车场等重大基础设施用地。从城市规划支撑理论、合理规划体系来看,将生态保护理论与城市规划相结合,强化城市生态在规划内容中的地位,致力于构建一个发展与环境兼顾、人与自然和谐相处的城市空间,这样的城市空间是适宜步行的。

从城市规划编制过程来看,既往的城市规划工作往往是由政府部门进行主导,专家领衔,对城市基础资料进行收集、调查,进行城市的相关分析、预测和总体布局等等。规划过程虽然有序、详实,但是公众意愿没有得到充分反映,即公众参与出现缺位。所以,规划的编制必须通过政府、专家、公众的三方参与,形成"三位一体"的规划编制程序,在科学性、实际性、保障性上实现城市规划编制过程的革新。确保公众的有效参与,真实反映城市居民的诉求。

2.1.2 国外步道规划理论研究概况

1)新城市主义

新城市主义(也称为新都市主义,New Urbanism)于19世纪80年代在美国兴起,主要针对第二次世界大战以后美国城市不受节制的城市郊区化蔓延模式导致的内城衰落、城市结构瓦解、生态环境不可持续等问题[15]。新城市主义提倡创造和重建丰富多样的、适于步行的、紧凑的、混合使用的社区,对建筑环境重新整合,形成完善的都市、城镇、乡村和邻里单元,提出三层发展规模和两种发展模式。三层发展规模包括区域发展(The Region:Metropolis,City and Town),邻里、社区、交通走廊(The Neighborhood,the District,and the Corridor),社区、街道、建筑(The Block,the Street,and the Building);两种发展模式:一是传统邻里社区发展模式(TND,Traditional Neighborhood Development),二是公共交通为导向的发展模式(TOD,Transit Oriented Development),见表2-1-1。

新城市主义的核心内容 表2-1-1

三层发展规模	两种发展模式
区域发展 (The Region:Metropolis,City and Town)	传统邻里社区发展模式 (Traditional Neighborhood Development)
邻里、社区、交通走廊 (The Neighborhood,the District,and the Corridor)	公共交通为导向的发展模式 (Transit Oriented Development)
社区、街道、建筑 (The Block,the Street,and the Building)	

新城市主义理论的具体特点如下:

（1）适宜步行的邻里环境。大多数日常需求都在离家或者工作地点5~10分钟的步行环境内完成。

（2）连通性。格网式相互连通的街道成网络结构分布，可以疏解交通。大多数街道都较窄，适宜步行。高质量的步行网络以及公共空间使得步行更舒适、愉快、有趣。

（3）功能混合。商店、办公楼、公寓、住宅、娱乐、教育设施混合在一起，邻里、街道和建筑内部的功能混合。

（4）多样化的住宅。类型、使用期限、尺寸和价格不同的各类住宅集中在一起。

（5）高质量的建筑和城市设计。强调美学和人的舒适感，创造一种区域感。在社区内特别设置一些公共建筑和公共场所。通过人性化建筑结构和优雅的周边环境给人特别的精神享受。

（6）传统的邻里结构。可辨别的中心和边界。跨度限制在0.4~1.6公里。

（7）高密度。更多的建筑、住宅、商店和服务设施集中在一起，鼓励步行，促进更加有效地利用资源和节约时间。

（8）精明的交通体系。高效铁路网将城镇连接在一起。适宜步行的设计理念鼓励人们步行或大量使用自行车等作为日常交通工具。

（9）可持续发展。社区的开发和运转对环境影响到最小。减少对有限土地资源和燃料的使用，多用当地产品，追求高生活质量。以上各点都是为了达到这一目的。

总的来说，新城市主义提倡城市的可步行性，提高整个社区居民乃至整个人类社区的生活质量：规划设计以人和环境为本，力求营造一个生活便捷、步行为主、俭朴、自律、居住环境与生态环境怡人的社区、四通八达的步道，增加人与人之间的交往，减少对小汽车的依赖；街道的车行道不宽，汽车缓慢驶过，与行人有友好的关系，高质量的人行路网和公共空间使得步行成为愉悦的体验。阿伦·贾各布森[16]在《观赏城市》中也表达了类似的观点：步行是欣赏建筑局部、细部和城市细节的唯一方法，步行是人在日常生活中最普遍的行为，也是最自然、最个性、最自由、最舒适的活动。丹麦的扬·盖尔（San Gehl）[17]对城市广场和街道的公共生活，特别是对与步行相关的公共生活作出了更为深入的研究，2003年他出版的《公共空间·公共生活》（Public Spaces Public Life），旨在通过展现哥本哈根的步行城市建设状况，提倡城市公共空间应建设和发展成步行化的城市公共生活[18]。根据研究的角度和内容的差异，国外对城市步道的建设和发展可分为交通地理学派、建筑与规划学派、行为学派。

交通地理学派：从空间的角度研究交通路线、交通网的组织规划等问题，并把步道作为各种交通方式起端、终端和转乘的跳板或桥梁、研究步道与各种交通的联系，也从人的行为角度出发，研究步行设施的一些具体技术问题，比如天桥的布局、行人的一般步行距离、步行占地面积等。

建筑与规划学派：从景观、空间、土地利用、交通等角度对步道系统在城市中的规划布局、空间的规划设计进行研究。比如，美国建筑师C·亚历山大从"建筑的模式语言"出发，建立了小路网络的布局模式，"把人行道设计成与道路呈直角相交，而不是与道路并行，结果小路会开始形成一个与道路系统截然不同的并与之成正交的第二网络。……总是把它布置在'街区'中央，以便它们与道路成十字相交。"景观和空间学者通过外部的观察、空间领域的划分、景观联系、景观生态方面来研究步道的空间规划设计规律。交通规划学者从人与车、步道与车行道的关系出发，提出"人车分离""人车共享"等的城市道路规划设计方式。

行为学派：从人的行为生理状况、行为舒适程度、行为认知模式和行为发生的可能等方面研究步道的规划设计,比如苏联学者 B·P·克罗基乌斯从人行为的生理状况出发研究人在坡地地形时步行半径比平原地形减少的情况;美国规划师凯文·林奇从人对城市的认识模式出发,指出城市道路的方向性、连续性、网络结构清晰性对人的认识模式的影响和发生的心理变化情况。

2)德国城市步行的健康发展模式

在城市步行规划领域,德国进行了丰富的理论研究和实践,也建立了当前世界上比较成功的一体化绿色交通模式,形成了独特、科学的城市步道规划理念。德国罗尔夫·蒙海姆教授对德国步道规划的发展经验进行了总结,提出了三种基本理念[19]:

第一,将步行规划作为一种工具,在可达性上满足步行者快速到达步行商业中心。在该理念的指导下,在步行中心改造时要进行交通剥离,将不同交通方式在空间上分离:把主要的商业街全盘改造为步行街;商业货运车辆尽量于商业中心背侧卸货;停车场或地下停车库尽量设置在步道两端;将原穿过步道网络的道路进行统一化步行改造,必要时改建为城市环路。该理念着重解决步行者、商业、交通可达性三者之间的协调问题,把步行与机动车流量在空间上剥离,加强步行可达性和安全性。例如德国的卡塞尔、埃森、基尔等城市都以此理念为指导,对步行规划作出了新的尝试。

第二,在城市生活视角下,以城市复兴、城市保护及环境保护为着眼点进行步行规划。20 世纪 70 年代,随着城市经济和科技水平的不断发展,城市中心也不断地进行着更新改造。特别是那些城市结构紧凑的历史底蕴深厚的旧城区,步行规划作为城市规划工具,维护了旧城区功能的稳定和多样化,体现了一个城市的历史文化内涵。城市生活与步行不可分割,步行也渗透到了城市的每一个角落,所以步行规划通常也是城市全覆盖的一个规划,例如德国纽伦堡、弗赖堡、波恩、奥斯纳布吕克等历史文化老城几乎已经完全实现了步行化。

第三,在机动化充斥着整个城市空间的时代,提倡以步行为导向的城市再发现理念,摆脱小汽车对城市空间的过度占用导致的公众步行环境品质急剧下降,小汽车过多导致的交通拥堵也极大损害了公众利益,破坏了城市公共环境。第二次世界大战后德国以机动车为导向的城市发展策略使本国很多城市饱受由此带来的负面作用,如多特蒙德、杜伊斯堡、法兰克福等城市,时常陷入交通瘫痪的困境,人行和机动车交通都没有办法高效、和谐的运行。此后,德国通过精细的步行规划降低了城市的交通压力,行人活力得以激发,带动了公共交通的发展和充分利用。

由此,德国城市中心区及其配套的绿色交通系统成为世界城市规划的典范。我国学者刘涟涟(2013)曾对德国城市步行发展的理论、规划和策略三方面做了全面概括和系统分析[20],总结得到德国城市步行的健康发展模式。

一体化绿色交通模式。德国大力推行"步行化城市"的概念,而步行化城市对城市交通的整体可达性要求较高,德国提出以城市中心区的极强可达性为辐射中心,提升整个城市的可达性,并推出了城市"轨道交通—自行车—步行"的一体化绿色交通模式。

德国城市规划越来越倾向于推动低碳、节能、环境友好的交通方式。首先是对慢行交通系统的精细化打造,在步行层面上扩大了步行者的活动范围,一方面增加了步行者的灵活性,另一方面促进了步行与自行车交通的联系,进而以"步行+自行车"的方式与城市公共交通进行有效衔接,创造了一个环境友好型、资源节约型的可持续城市综合交通系统。在 2007

年,如德国的柏林、法兰克福、慕尼黑、科隆、斯图加特等城市已陆续开始实行自行车系统的"电召",并在城市道路基础设施硬件方面进行了自行车扩建的改造。

德国许多城市的城市规划都把无障碍交通作为城市规划部署的重点发展方面,提倡步行、自行车和公共交通能够共用城市道路空间,将城市污染和能源浪费降低到最小,营建一个有利于城市公众出行、有利于城市公共生活空间品质提升的城市环境。

商业导向的步行化城市发展。城市商业的繁荣需要充足的人流来带动和支持,同时商业发展也为公众创造了工作岗位,并满足了公众的购物、休闲、娱乐需求。以商业为导向的步行化城市发展,抛弃了传统的 CBD 式购物中心一极化发展,兼顾城市其他区域的商业开发,使公众的购物模式不再是依靠小汽车为导向。商业要发展,必须以公众步行为依托,加以可达性较强的公共交通体系予以衔接,形成"步行—公共交通—步行"的出行模式,沿大客流公共交通流线广泛引入商业购物中心。例如,德国的法兰克福市中心的蔡尔大街(Zeil),一个投资 8 亿欧元的庞大建设项目"皇宫区"已经建设完成,该项目于占地约 1.7 公顷的区域建立一个大型购物中心,两个高层办公、公寓等设施。德国埃森市为增强城市商业吸引力,在市中心启动了 2 万平方米的超大型购物中心 Karstadt 项目,该购物中心一面与传统步行街林克贝街相连,另一面与城市轨道交通系统和环城道路相连[20]。

该城市步行发展模式与 TOD 理论的城市开发利用观念相契合,有利于打造一个城市空间资源利用集约化、减少城市能源浪费、缓解城市交通拥堵的可持续发展的城市空间。

多功能城市步行区。人在步行过程当中是自由而灵活的,步行也作为中长距离出行链条中的首末端,人的多种需求也往往在这个首末端完成。建设多功能步行区单元,倡导满足人对于城市的购物、休闲、健身、游憩、观景、换乘等多种需求,活络整个城市的经济、人文交往,让城市中心具有强吸引力的商业、文化、娱乐休闲功能,以多功能步行区的建设辐射至整个城市空间。例如,从 20 世纪 90 年代开始,德国多个城市在市中心的步行区范围开始了新一轮改造,德国勃兰登堡门中心区和波茨坦广场的再发现与再创造、国会大厦的古典风格融入、以索尼中心和铁路大厦为标志的商业建筑群等都是这轮改造的硕果。1995 年,纽伦堡市中心修建多功能电影城、新博物馆。2005 年,新建现代艺术博物馆,历史建筑国王大厦的多层商店走廊改造。2007 年,乌尔姆新新建开放的艺术中心,巴登—符腾堡州新建现代艺术收藏馆等,都成为城市步行区的中心[20]。

多功能的城市步行区,完善了以人的需求为导向的城市生态网络,发展了步行与公共交通工具深度耦合的绿色交通模式,人的可达性大幅扩大和出行成本大大下降,带动步行—公共交通走廊沿线的发展,城市经济发展进一步成熟。同时,依靠良好的步行体验,城市形象和品牌也大大提升,营建了精彩的城市空间。

3) 雷德朋步行导向的城市规划理论

位于美国新泽西州的雷德朋新镇,是由著名的城市规划师和建筑师克拉伦斯·斯坦(Clarence Stein)与亨利·莱特(Henry Wright)于 1928 年完成规划并开始建设的。它充分考虑了私人汽车对现代城市生活的影响,开创了一种全新的居住区和街道布局模式,首次将居住区道路按功能划分为若干等级,提出了树状的道路系统以及尽端路结构,在保障机动车流畅通的同时减少了过境交通对居住区的干扰,采用了人车分离的道路系统以创造出积极的邻里交往空间[21]。雷德朋体系十分注重居住区的可步行性,通过精心设计相互联系的专用步道网络和彻底的人车分离体系,大大提高了雷德朋镇的步行安全性与便捷性。

雷德朋体系具备五个最显著的特点,即大街坊、分级道路系统、人车分流体系、尽端路和"前后反转"的住宅设计(Reverse-Front House)。大街坊的设计是雷德朋体系的核心之一。这种带有绿化公园的大街坊在雷蒙德·恩温(Raymond Unwin)规划的莱契沃斯(Letchworth)和汉姆斯特德花园郊区(Hampsted Garden Suburb)中就已使用,大街坊尺度已经增大到12~20公顷,其目的是保证街区内完全不受机动车的影响。道路分级的思想则可追溯到奥姆斯特德(Olmsted)在纽约中央公园规划时采用的路径分离手法,斯坦和赖特进一步从物理上分离了机动车和行人,第一次建立起了一套明确的道路分级系统,使道路网的布局保证居住区道路仅服务于地方性交通,见表2-1-2[22]。尽端路的使用则是另一个从汉姆斯特德花园郊区中借用的规划手法,它避免了当时直线栅格式路网导致频繁的人车冲突。这些规划方法并不是孤立的。分级道路系统与尽端路的使用保证了大街坊内部具有较大面积的封闭空间,并形成与传统直线栅格式路网截然不同的树状道路网结构,而这种网络结构具有更低的连通性和更少的人车冲突点,更有利于在空间上形成车行和人行两套彻底分离的网络,而"反转前后"的单幢住宅设计又与人车分流体系形成完美的配合。就理论上而言,雷德朋体系实现了土地利用与交通系统的协调,各种城市规划与道路交通设计方法的协调配合也很好地保证了规划功能的实现[22]。

雷德朋道路分级体系与功能 表2-1-2

等级	名　称	服务区域	交通功能	布局功能
1	对外道路	居住区	承担居住区对外交通	划定邻里单元边界
2	地区干道	邻里单元	连通不同邻里	
3	集散道路	大街坊	集散进出尽端路的机动车流	划定大街
4	尽端路	街区	满足车辆出入住宅的要求	组织建筑群落布局
5	专用步道	住宅	提供住宅与公共空间等的联系	划定街区边界

4)紧凑城市规划理论

紧凑城市规划理论是在城市规划建设中主张以紧凑的城市形态来有效遏制城市蔓延,保护郊区开敞空间,减少能源消耗,并为人们创造多样化、充满活力的城市生活的规划理论。

20世纪70年代,欧美城市中心区由于受到能源危机的波及而出现衰败,其后城市规划忽略人性尺度,只是简单机械地进行功能分区。欧共体在1990年颁布的《城市设计绿皮书》中提出了"紧凑城市"的理念,提倡尊重行人,回归传统步行城市形态,激发城市活力[23]。究其本质,紧凑城市理论通过如下三大策略来进行城市规划建设。

第一是高密度开发。紧凑城市规划理论主张采用高密度的城市土地利用开发模式,一方面可以在很大程度上遏制城市蔓延,从而保护郊区的开敞空间。另一方面,可以有效缩短交通距离,降低人们对小汽车的依赖,鼓励步行和自行车出行,从而降低能源消耗,减少废气排放乃至抑制全球变暖。另外,高密度的城市开发可以在有限的城市范围内容纳更多的城市活动,提高公共服务设施的利用效率,减少城市基础设施建设的投入。

第二是提倡混合的土地利用。将居住用地与工作用地、休闲娱乐、公共服务设施用地等混合布局,可以在更短的通勤距离内提供更多的工作,不仅可以降低交通需求、减少能源消耗,而且可以加强人们之间的联系,有利于形成良好的社区文化。纽约曼哈顿中心区在步行与城市交通形态方面的关系具有典型的研究意义。纽约很少专门在建筑物下面修建过街步道,往往是修建与地铁车站相连的通道,再延伸到另一街区人行通道上的简易出入口,然后形成地下过街的四通八达的步行交通网。政府政策奖励业主开放部分建筑内部空间,作为城市公共步行交通的补充,不但减轻了街面步道的人流压力,而且还给残疾人无障碍通行带来安全与便利[24]。

第三为优先发展公共交通,城市的低密度开发使人们的交通需求上升、通勤距离增大,在出行方式上过度依赖小汽车,从而导致汽车尾气排放过多。因此,该理论强调要优先发展公共交通,创建一个方便、快捷的城市公共交通系统,从而降低对小汽车的依赖,减少尾气排放,改善城市环境,这与 TOD 开发模式相同。

紧凑城市规划理论是针对西方城市郊区蔓延和"边缘城市"无效性等问题而提出的回应,其研究的范围目前主要集中在美国、欧洲、澳大利亚等工业化国家和地区,对发展中国家的研究涉及较少。而随着发展中国家的城镇化进程的加快,已经有发展中国家的某些发达地区开始对紧凑城市规划理论进行实践。

5)其他研究

世界其他城市的相关学者在步行交通发展模式上从各个角度也提出了各自的观点:

20 世纪末,韩国首尔的城市污染严重,交通事故频发,步行环境恶劣,机动化的负面作用开始显现出来。因此,韩国转换了以小汽车为导向的交通发展模式,建立以人为本的交通发展理念,树立尊重每一个行人的交通文化[25]。

Ernawati,Jenny(2016)详细探讨了城市步行者的出行偏好,以印度尼西亚 Malang 镇为例,采用多阶段随机抽样调查方法,随机抽取三百名受访者,用一套仪器和自我评价问卷进行测试;并用描述性统计和因子分析的方法来解释研究问题。结果表明,城市步行具有最重要的五个基本维度,即行人设施的质量、邻里美学、绿地、人类活动、邻里安全[26]。

Ariffin,Raja Noriza Raja(2013)认为步行是城市可持续发展的基础,是最容易被大众所接触到的平等的出行方式。然而,随着机动化的发展,如汽车和高速公路的出现,恶化了行人的出行环境。他们认为应通过对城市居民步行出行的感知,以步行者的直接感受为出发点,以出行目的地宁静、良好的步行景观和安全、精心设计的行人设施为规划重点,建立适宜人步行的城市[27]。

在荷兰代尔夫特(Delft)住宅密度很高的地区,孩子们被剥夺了在街道上玩耍的权利。为改善这种状况,随之产生"生活的庭院"或者城镇院落的规划手法,在游戏场所进行精心的景观设计,利用隆起物或曲折的道路减缓车辆的通行速度等,这一概念在德国称为"宁静交通"运动,它有利于使步行更加舒适和安全。尤其重要的是,在这些措施实施后,该地区变成了人们所希望的"家庭住区",这里的车流速度降至 30 公里/小时。当今时代,汽车工业高速发展,机动车数量不断增长与城市空间资源紧张的矛盾突出、机动化负面影响与城市生态环境之间的冲突明显,合理规划布置步道,形成综合、高效、多功能、可达性强的步行网络,与现有城市道路、交通枢纽、客流集散点有机整合,十分重要。

2.2　城市步行空间理论

步行需要空间,使人们不受阻碍和推搡、不太费神地自由行走是最基本的要求,问题是如何确定人们对于步行过程中所遇到的干扰的忍受程度,使空间既十分紧凑,给人以丰富的体验,又有足够的回旋余地。同时,除应满足人们对步行的基本行走功能外,空间应从整体构造上给人以舒适、美观的感觉,与周边环境相协调,这都需要城市步行空间理论加以支撑。

2.2.1 步行空间的概念及范围界定

1)步行空间的概念

城市步行空间,是一个融交通、商业、休闲、社会交往等多种活动于一体的复合空间,也是一个景观与生态空间。它具有开放性、共享性、依附性、易变性等特征。其主要功能是为居民提供交通、活动和交往的场所,并参与城市形象的构成;同时,也对居民的心理和行为特征有着潜移默化的影响。步行空间按建筑限界可分为室内步行空间与室外步行空间;按立体层次可分为地面步行空间、地下步行空间与空中步行空间(图 2-2-1);按步行化程度可分为纯步行空间,如城市步道、步行桥(图 2-2-2)、步行广场、商业步行街等,以及半步行空间(行人与车辆限时、限车种混行)。

图 2-2-1　形式多样的空中步行空间

图 2-2-2　国外典型的步行桥

2)步行空间的构成要素

通过剖析分解步行空间的结构,可把步行空间分为"路""边""结""区""标"五要素。

"路"即"路径"(Path),充当行人的步行渠道,沿着路径完成步行移动。

"边"即"边缘"(Edge),作为不被行人用作或视为路径的另一种线性要素,充当步道与周围环境的界限。

"结"即"节点"(Node),城市步道路径的交点。行人通过步行节点完成步行交通的转换与集散,同时节点周围通常配套设有可供行人游憩的相关设施。

"区"即"地区"(District),单条步行路径在一定长度与宽度范围内或者多条步行路径围合而成的立体空间范围,步行区域为步道交通设施、环境卫生设施、商业服务设施等提供空间基础。

"标"即"地标"(Landmark),作为步行空间的识别点,经过精心的设计,使其能够容易地被行人识别。大量城市步行空间的地标成为地方特色景点,供行人游览、纪念。

3)步行空间范围的确定

城市环境复杂、自由选择性高,因此城市范围内的步行区域较难确定。步行空间范围的确定通常从居住区出发,居住区域明确,出入口易确定,居民流动出行方式较好控制,可先统一考虑居住性质的区域,其他地方留有余地待进一步调查。其次,可以利用建筑密度分布,分辨出人流密集的大体区域。在详细调研后,确定吸引人流的主要公共建筑及其出入口,以15～30分钟的舒适步行时间(半径约为300米),确定总体步行区域以及步行可能密集的区域。最后,结合城市化总体规划以及综合交通规划的发展方向,对步行空间范围加以调节和引导[28]。

4)步行空间的特性与内涵

交通性。步行空间为城市居民的步行出行提供物质基础,这也是步行空间的核心特性。步行空间具备为居民提供通勤、休闲步道功能的基本能力,交通性也是作为步行空间的首要特性。

生态性。城市步行空间从属于城市公共空间,并以城市自然空间为基础。城市步行空间的生态性表现在改善地区自然环境、提高生态多样性、保持生态稳定性、改善城市生活的自然品质、提高环境的自净能力。城市是人类高度人工化的生态系统,正因其高度人工化,城市步行空间的生态性才尤其需要受到高度重视,这是城市加强自身调谐能力的一种途径[29]。

文脉性。城市的文脉与风貌要想直接、鲜活地呈现在公众面前,必定以步行空间为承载体。城市的历史古迹、风景名胜、民风民俗只有友好地与步行空间相结合,供人们游憩、交往、品味,才能够极致地向公众展示城市的文脉风光。

社会经济性。步行空间容纳人群的聚集,促进人群的流动,人与人之间通过交往沟通丰富了城市公众生活,带动步行空间所在区域以及外延区域的社交和消费。同时,城市居民更多地以步行作为出行方式,对城市空气、水体质量起到保护作用,间接创造了更大的社会经济效益。

故步行空间以交通性为主体,兼具生态学、文脉性、社会经济性,形成具备复合功能的城市空间,见图2-2-3。

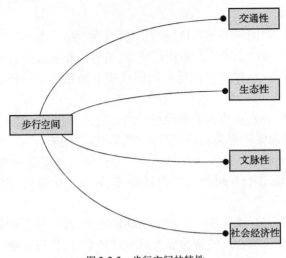

图 2-2-3　步行空间的特性

2.2.2　步行空间的发展历程

1）发展阶段特征

（1）阶段一：人车混行

图 2-2-4a）[9] 所绘的是 1880 年哥本哈根主要街市的圣诞节景象，那时的街道既是工作场所，也是运输和贩卖商品的地方；1960 年，这一街市已被汽车交通所蚕食，行人被排挤到两侧狭窄的人行道上，除了匆匆而过，什么事都不会发生，见图 2-2-4b）。

a)1880年哥本哈根主要街市　　　　　　　b)1960年哥本哈根主要街市

图 2-2-4　哥本哈根人车混行的景象

（2）阶段二：商业步行街

20 世纪中期，步行街开始迅猛发展，步行、购物以及观光成为主要的活动内容。直到今日，在我国等发展中国家，步行街也是步行活动的主要空间。

（3）阶段三：注重与空间的整体协调，为人们提供更多的交往空间

现在的步行空间，除了有购物等传统功能外，越来越注重细节的设计，在步行空间设计方面，从人的需求出发，为人们提供更多的交往空间，人们愿意在这样的空间中休憩、聊天等，见图 2-2-5。

（4）阶段四：公共空间，体现城市的人文内涵

"城市针灸"（Urban Acupuncture）是广义建筑学领域的一个概念，它最早来源于西班牙的建筑师和城市学家马拉勒斯（Manuel de Sola Morales）。1982年，马拉勒斯结合巴塞罗那的城市再生战略提出了"城市针灸"的概念，倡导一种催化式的"小尺度介入的城市发展战略"。随着人们交往的增多，步行空间逐步发展成为体现城市人文内涵和底蕴的公共空间，雕塑的设计、街头小品的布置、座椅的安放、地面的铺装等都

图 2-2-5 能提供更多交往机会的步行空间

体现每座城市独特的韵味。巴塞罗那的城市复兴经验使其获得了"国际都市设计奖"第一名，"城市针灸"法的经验广为流传。

2）发展时间脉络

步行空间从历史时间维度上来看，具有明显的时间发展脉络，陈雷（2006）[30] 进行了详细的梳理，主要内容如下：

（1）古代城市的步行空间

无论东方还是西方，古代城市的交通工具都不发达，城市居民主要以步行为主，因此当时的步行空间非常丰富而且内容多样，步行空间呈现出随机和多变的形态特征。并且由于人行的灵活性，步行空间在高程上也有丰富的变化，而不是仅仅停留于水平面上的位移。

在城市产生初期，城市中心区只是奴隶主的驻地，城市道路系统就是一个简单、实用的步行系统。道路的作用更多体现为一种交通上的联系，步行空间形态为线性空间和随机的树枝状结构。

随着生产力水平的不断提高、经济的不断发展，城市道路的性质也有了较大的变化，功能上也趋于多样性。例如，宋东京（现开封）的城市道路除了交通功能外，两旁还分布着各种店铺，形成繁华的商业街，街是商业店铺的集中所在，并成为城市生活的中心，道路宽度一般只有30~50米，见图 2-2-6。这种趋势到宋以后的城市愈加明显，道路宽度日益变窄。元大都及明清时的北京城的道路也有明显分工，主要干道宽度大，承担交通功能，其交叉口或某一地段也集中着一些店铺，另有一些商业比较集中的如王府井

图 2-2-6 《清明上河图》中描绘的北宋街市

大街、大栅栏，宽度较小，主要为步行者服务。城市道路逐渐成为市民的生活中心，宽度逐渐变小，增加了市民交往的亲切感及紧凑热闹的气氛。此时，城市道路系统除了考虑交通问题外，还考虑了商业和行人的行为特点，因此城市步行环境质量较好。

西方古代城市步行空间建设具有代表性的国家是古希腊和古罗马。古希腊信奉多神

教,同时承认人的伟大与崇高,重视人所生活的现实世界,实行的政治制度是奴隶主的民主政治。因此古希腊的城市中心由宫殿变为广场,城市的路网形式由自由的不规则形变为棋盘式,城市的典型平面为两条垂直大街从城市中心通过,中心大街的一侧布置中心广场,中心广场占一个或几个街坊。城市建筑的布置是从步行者的角度来考虑的,如雅典卫城的建筑位置选择就是按照祭祀雅典娜大典的行进过程来设计的。古希腊的城市环境也是适宜步行的,其功能、形式、尺度都是从人的角度出发进行设计和实施的。古罗马的城市建设成就集中在中心地区的广场群和建筑群,建筑规模普遍较大,因此城市的步行空间规模也相应较大,广场上的步行环境可以做到让市民舒适步行,但是城市的总体布局比较凌乱,没有形成完整的系统。

到了中世纪,城市变为以商业为中心,西欧进入封建社会。中世纪早期城市是自发形成的,由于有强大而统一的教权,教堂常常占据城市的中心位置,城市中心周围还有王宫、竞技场等。教堂庞大的体积和超出一切的高度,控制着城市的整体布局。教堂广场是城市的主要中心,是居民集会、狂欢和从事各种文娱活动的中心场所:如意大利 Siena(锡耶纳)市中心的教堂广场,道路以教堂广场为中心放射出去,形成蛛网状的放射环状道路系统,见图 2-2-7。中世纪城市充分利用城市高点、河湖水面和自然景色,城市具有人的尺度和亲切感、建筑环境亲切近人,建筑群具有美好的连续感,给人以良好的步行感受。城市的弯曲街道排除了狭长的街景,把人的注意力吸引向接近人的细部环境。

图 2-2-7　意大利锡耶纳教堂广场

到了 14 世纪,意大利的一些发达城市已经产生了资本主义的萌芽,表现在文化上就是以人文主义为代表的文艺复兴。人文主义强调一切为了人,肯定人的价值与现实生活,与中世纪神权相抗衡。这一时期的城市建设与古希腊、古罗马时期城市建设的指导思想非常类似,从功能到形式完全从人的角度出发。罗马的城市规划把古罗马已形成的城市景观用道路轴线联系起来,圣马可广场也是这一时期完成的。此时,适于步行的城市规模、宽窄适宜的街道、设计精美的城市景观等等都体现出古代城市步行环境的舒适。

文艺复兴以后,欧洲进入了绝对君权时期。建筑方面,古典主义占据着统治地位,它体现了有秩序的、有组织的、王权至上的要求。古典主义在艺术作品当中追求抽象的对称和协调,寻求艺术作品的纯粹几何结构和数的关系,强调轴线和主从关系。此时,城市路网多采用星形广场和放射形道路,如巴黎的改建和凡尔赛的建设都体现了这一思想。

（2）近代城市的步行空间

19 世纪末,人类纵享着工业革命带来的成果,汽车出现并逐渐发展成为城市的主要交通工具,对原有的道路系统带来了较大的冲击。伴随着汽车工业的崛起、城市用地的迅速扩大、工业生产对城市环境的破坏和污染等,人类逐渐远离了大自然环境,城市生活环境不断恶化。许多生物学家、社会学家都在探索城市未来之路,其中有沙里宁的以田园城市为基础的有机疏散理论和马里内蒂未来派对未来城市的设想。

第二次世界大战期间,交战各国的城市建设几乎完全停顿,大量的房屋毁于战火。第二次世界大战结束以后,各国在重建家园的过程中,多以工业尤其是汽车产业作为自己的主导产业。汽车产业的发展振兴了经济,同时也破坏了几个世纪形成的人行交通环境:拓宽车行道、缩减人行道宽度、砍掉行道树,把城市用地分割成了许多孤立地段,削减了城市绿地面积。因此,20 世纪 50 年代,美国等国家的城市便向郊区蔓延和发展,城市出现郊区化倾向,原市中心营业额下降、税收减少、交通拥塞、环境污染,各种社会问题相继出现,直至市中心趋于衰落。

20 世纪 60 年代起,许多专家、学者都在寻求复兴城市中心的办法,人们也在逐渐被汽车包围的城市中慢慢意识到:人类的活动空间已经被汽车挤占一空,而人只能生活在布满现代化设备的、由钢筋和混凝土围合的拥挤狭小空间当中。于是人文主义再次抬头,复兴市中心成为提出步行化的直接原因。

欧洲、美洲、澳洲等地区和国家都设计并建造了不少城市步行空间,其中澳洲在近几十年内建设了五十多处步行街和步行广场,所以澳洲某些城市中心虽然有衰落现象,但并不是十分严重。

总之,20 世纪以来汽车的发展使人在城市中的地位下降,恶劣的步行环境使人不愿在街上停留,而中世纪舒适的有人情味的城市步行空间使人留恋,现代城市缺乏人情味的状况必须改变。因此,人性化的目标绝不只限于振兴城市中心经济,而在于恢复人在城市中的地位,提高城市的社会价值。许多步行空间的建成证明,它使城市具有了新的活力、新的形象,使城市中心的老建筑得以维护和利用,并具有新的意义。如美国的圣莫尼卡第三步行街,在 1986 年得以完全重建,重新激发了城市居民的步行活力,至今仍保持兴隆繁荣状态,见图 2-2-8。

图 2-2-8 美国圣莫尼卡第三步行街

一些步行商业街获得成功的主要原因在于它们具有如下四个优点:为乘坐私人小汽车和公共交通车辆的人前往购物和享受其他服务提供了方便的路径;在直接靠近商业街的地方建立了停车场;通过改建和进一步利用企业与机构的老房屋把商业街转换为步行区;使城市传统街道和街区得到了保护,街道不必加宽、建筑保持原有的宜人尺度,石板等传统路面得到保留,保持了城市传统特色。

同时,城市建设者们在居住区内也进行了尝试。1929 年,美国建筑师 C·佩里首先提出了邻里单位的规划思想,认为城市交通由于汽车的迅速增长给居住环境带来了严重干扰。交通不穿越邻里内部以保障居民的安全和环境的安宁是邻里单位理论的基础与出发点。1933 年,美国建筑师斯坦和规划师莱特在新泽西州的雷德朋(Radburn)居住区规划方案中率先提出了人车分流的道路系统。由于步行系统的独立,减少了人车混行和汽车对环境的压力,较好地解决了私人汽车发达时代的人车矛盾。20 世纪 80 年代末至 90 年代初,在美国出现了的新城市主义,更是以步行时间和人的步行活动半径确定其规划单元,以开放空间和公共生活为其设计核心,塑造当今开放人行系统的社区环境。

3）前沿发展理论

TOD（Transit Oriented Development）即以公共交通为导向的发展模式，是新城市主义的主要思想之一，其核心在于交通和土地使用的整合，倡导用地功能混合、密度梯度分布、绿色出行[31]。近年来，TOD模式也逐渐成为我国城市建设趋势之一，山地城市用地紧凑、资源紧张，TOD模式下的城市步行空间理论较好地契合了山地城市未来的发展方向。

TOD提倡在距离公交站点步行可达的范围内建立集工作、商业、文化、教育、居住、休闲于一体的空间结构，从而实现各个城市组团紧凑型开发的有机协调模式，因此TOD模式下的城市步行空间结构通常以公交站点为中心，以400~800米（5~10分钟步行路程）为半径，建立清晰的交通—商业复合中心，构成城市中心；建造适宜步行的街道网络，连接居住区和城市交通—商业复合中心、绿地、广场等，并使之成为通行和休闲的共享空间；运用多功能的广场和公园织补网络化的城市步行空间体系，使公共空间成为邻里生活的焦点。学者郭巍等[31]（2015）对TOD模式下的城市步行空间理论内涵做了详细论述，包括：

（1）清晰的交通—商业复合中心

TOD追求健康的、富有生机的城市生活，通过提高城市开发强度和复合功能，强调功能与服务人群的"多样性"。通常，步行空间布局拥有一个非常明确的核心，用以组织城市和社区的商业、办公和娱乐，并且这一核心或与公共交通站点合二为一或与其有着非常便捷的联系。

（2）共享的街道

街道空间是TOD最主要的步行空间，其理念是行人、骑车者、玩耍的儿童、停靠的车辆和行驶的车辆都共同分享着同一个街道空间。任何情况下都将机动车置于次要位置，在一体化的街道里为行人开创出良好的步行环境。除在特定环境区域分离机动车交通和行人，在大部分区域鼓励人车混行，其目的是避免彻底的人车分流对原本是充满生机的街道公共

图2-2-9　波特兰充满活力的步行街道

生活的损害[32]。因此，TOD经常通过加大路网密度、控制街道尺度和车速、人车适度混行、路边停车、设置后巷、街道两侧建筑形成连续紧凑的街道立面，控制建筑临街立面尺度，鼓励让建筑更具有"交流型"的立面朝向街道，使行人和居民能够形成积极的视觉和行为交流等方式构筑富有生气的街道环境。2011年ASLA设计荣誉奖——波特兰商业步行街的整治设计便是典型案例，见图2-2-9[31]。

（3）多功能的广场和公园

TOD将广场公园作为居住区域、商业中心和市政服务设施的焦点，非常重视公园广场对于非正式集会、公共事务以及其他潜在景观及社会事件的支持作用。通过引入城市步行体系，整合分散孤立的公共绿地，通过公共绿地和城市空间的相互渗透以及公共服务设施的支持，改变消极的公园边界，提高公园入口的可识别性和公园路线的便捷性，以增加穿越式交通的可能。

2.2.3 步行空间的要求

步行空间是一个多维度、多特征的概念,它与步行者的步行路径选择、步行心理、步行环境等综合影响城市居民步行的因素息息相关。步行空间是为城市居民提供步道的载体,一个使人们出行变得更加便捷、舒适,甚至是可以获得良好体验的步行空间最终是落实到"人"身上的,所以步行空间的构建必须做到以人为本,全方位满足行人对良好步行体验的要求,具体来讲可以从如下一些方面来进行考虑:

(1)功能:安全、便捷、舒适、吸引人、避免不利的天气影响。

(2)尺度:不宜过大。

(3)步行距离:实际距离 400~500 米。

(4)步行路线:不绕行。

(5)步行环境:变幻的空间,不枯燥。

(6)铺装材料与路面条件:卵石、砂子、碎石以及凹凸不平的地面在大多数情况下是不合适的,避免潮湿、滑溜的地面。

(7)高差要求:尽量平顺,不能出现突破行人忍耐极限、违背人因工程学的情况。

(8)坡道与台阶:如果步行通道必须上下起伏,宜选用坡道而不是台阶。

(9)气候潮湿、炎热或雨多的城市:与建筑物结合共同布置人行通道,成为室内建筑的一部分,避免风吹雨淋。

(10)相配套的设施:座椅(便于人们驻足停留)、绿化、小型广场、雕塑、喷泉等。

(11)与周边整体环境的协调。

2.2.4 步行空间质量评价

1)评价原则

(1)系统性原则

由于步行空间质量评价要综合考虑步行空间的功能、美观、人性化程度,故评价指标应既能反映步行空间的内在品质,又能反映其外部影响,以便最终准确、全面地作出评价。

(2)科学性原则

准确评价步行空间质量的前提建立在科学的方法与指标之上,保证评价过程都基于科学理论的指导。

(3)可操作性原则

评价步行空间质量的方法既应该避免讳莫如深的理论、复杂难懂的方法,又应该摒弃过于简单、粗糙的方法,而且应在两者间保持平衡,做到指标易理解、数据易搜集、模型易操作。

(4)独立性原则

评价步行空间质量的各评价指标应相互独立,不存在相互关联的情况,避免评价指标出现重复和冲突,使评价过程往失真的方向发展。

2)评价指标的确定

由于城市步行空间具有交通性、生态性、文脉性以及社会经济性的内涵,因此,从这四个角度进行拓展,可确定步行空间质量评价的推荐指标,见图 2-2-10。

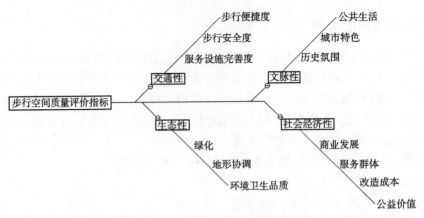

图 2-2-10　步行空间质量评价的推荐指标

3) 评价手段

目前,在步行空间质量测量与评价方面,欧美各国发展较为成熟并得到广泛应用的主要有以下几种:英国的行人环境评估系统(PERS,Pedestrian Environment Review System),美国的邻里环境步行性测量表(NEWS,Neighborhood Environment Walkability Scale)、步行环境质量指标(PEQI,Pedestrian Environmental Quality Index),新西兰的社区街道评估(CSR,Community Street Review),美国的"步行指数"(Walk Score)和"步行性指数"(Walkability Score),欧洲 Walkonomics 公司的步行性评价移动端应用 Walkability APP[33]。以下介绍几种典型的评价方法:

(1)英国行人环境评估系统(PERS)

PERS 可以快速捕获和构建传统的行人问题,如城镇中心的可达性、到学校的安全路线和住区环境的建立,从而改善行人的步行路线和公共环境。在步行路线和人行横道的每一个环节中,为个人评估行为(Individual Assessment)创建一个综合的环境审查,根据行人的环境和周围的变化,镇中心会被划分为几个部分,采用不同的参数去评估步行环境。

PERS 既是一种步行评估工具,也是多模式步道评价工具的一部分。它通过连续的步行环境,以评估其质量与服务水平。该系统包括两部分:评价当地环境,并附注注释;存储结果,并输出成像。PERS 通常采用如下指标评价步行环境:出行路线(Routes)、步道(Links)、交叉口(Crossing)、公交站点(Public Transport Waiting Areas)、公共交通站点或枢纽站之间的换乘空间(Interchange Spaces),以及公共空间(Public Spaces)。PERS 在定性评价步行环境的基础上,对行人的满意度采用量化评价,即七分制评级,从-3(糟糕)到3(好)。其评价过程为:定义研究;步行环境的评价分类;街道评价;数据输入和分析;结果显示与述评。

(2)美国邻里环境步行性测量表(NEWS)

以最新修订的 NEWS-CFA 版本为例,该版本评价内容包括:邻里住宅类型、邻里服务设施的步行距离、服务设施的方便程度、邻里街道、步行设施质量、邻里周边环境、邻里安全等13 个方面,共 67 个具体问题,部分评价参数与标准见表 2-2-1。其中,除对邻里住宅类型和邻里服务设施可达性的评价有独立的评级标准,其他方面均设定四个评价等级。由评价标准看,NEWS 更多是来自居民的主观定性评价。在 NEWS 的青少年版本(NEWS-Y)中,其问卷更适宜青少年的需求与理解,如增加了"邻里娱乐设施的步行距离",简化了对邻里住区类型的划分,问题陈述更为简洁清晰。

NEWS-CFA 的部分评价参数与标准   表 2-2-1

类　　型	参　　数	评级标准
邻里住宅类型	独栋住宅、1~3 层联排别墅或多个家庭住房、1~3 层公寓、4~6 层公寓、7~12 层公寓、13 层及以上的公寓	1.没有; 2.少; 3.一些; 4.多; 5.全部
邻里服务设施的步行距离	便利店、超市、五金商店、水果/蔬菜市场、干洗店、服装店、邮局、图书馆、小学、其他学校、书店、快餐店、咖啡店、银行、餐馆、音像店、药店、理发店、工作或学习地点、公交或火车站、公园、娱乐中心、健身设施	1.1~5 分钟; 2.6~10 分钟; 3.11~20 分钟; 4.20~30 分钟; 5. 30 分钟以上; 6.不知道
服务设施的方便程度	购物、商店易于步行、步行范围内的目的地、车站的步行便捷性	1.非常不同意; 2.部分不同意; 3.部分同意; 4.非常同意
邻里街道	路口间距、是否有许多道路交叉、街道是否四通八达	
步行设施质量	步道、步行阻碍、步行安全、街道照明、步道阻碍、交叉口安全、遮阴、市内步行、步道湿滑、休闲设施	
邻里周边环境	行道树、兴趣点、自然景色、吸引人的建筑、垃圾	
邻里安全	行人可见、治安、日间步行安全、夜间步行安全、行人量、儿童步行安全	
坡度	步行坡度	
社会交往	步行中的人际交往	

注:NEWS-CFA:Confirmatory Factor Analysis Scoring for Neighborhood Environment Walkability Scale[EB/OL].[2015-07-05]。

(3)新西兰社区街道审查(CSR)

新西兰社区街道评估系统是将社区街道审核(CSA,Community Street Audits)与量化评级系统相结合的新的调查技术,包括两套评价体系:

①评级系统——能够在确定的问题地区对其步行条件进行定量评价。

②CSA——评价街道和空间质量的方法,2002 年由"英国生活街道"(Living Streets UK)组织开发。CSA 从使用者的角度,而非管理者的角度,对公共场所,如街道、房产、公园和广场的质量进行定性评价。

CSR 的调查对象主要是步行路径(Path Length)和道路交叉口(Road Crossing)。两个对象的调研问卷各自独立,问卷包括:从使用者角度对目标的现状质量进行定性评价,评分标准有 7 个等级,从 1 到 7 代表从最差到最好;针对目标在交通变量(Traffic Variables)、工程变量(Engineering Variables)和环境变量(Environment Variables)方面的改变,进行是否有改善的定性评价。

2.3　城市步行交通理论

2.3.1　步行行为基础理论

步行行为基础理论主要包含步行行为基本特征、步行行为心理两部分。

1)步行行为基本特征

(1)步行速度

行人的步行速度 V_p 受到多种因素的影响,不同群体的人步行速度也不同,例如老人普遍比年轻人步行速度慢,男人通常比女人步行速度快;出行目的不同的人,步行速度呈现较大差异,例如赶时间的人的步行速度就快,休闲游玩的人的步行速度就慢;人流密度较大,行进过程受到阻碍,步行速度会变慢。

调查统计表明,成年人平均步行速度在 3.75~5.43 公里/小时,老年人平均步行速度在 3.2~3.9 公里/小时[34]。特别是山地城市步道通常随地形绵延起伏,行人步行速度受步道纵曲线影响较大。

(2)行人交通量及行人密度

由于步行交通的随意性,传统机动车交通流理论中,流量、速度、密度及饱和度等参数难以全面描述步行交通的运行特征,需要引入单位宽度(面积)指标进行修正。

行人交通量的概念有两种描述方法,一是步道行人总流量 Q_p ,指单位时间内通过步道(带)某一断面的人数(人/小时);二是特定宽度下行人流量 C_p ,即单位时间和单位宽度内通过步道(带)某一断面的人数[人/(小时·米)]。

行人密度 D_p 为单位面积步行空间中的行人数(人/平方米),行人密度的倒数即为人均步行面积(平方米/人)。道路通行能力手册(HCM 2000)给出了购物、上班、上学的行人交通量、行人速度与密度之间的关系模型,如图 2-3-1 所示[35]。结果表明,随着行人步行速度的增加,交通流量呈现先增加再降低的趋势,而密度则单调降低。

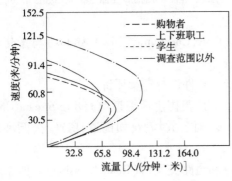
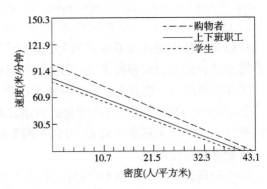

图 2-3-1　行人交通量、速度、密度关系图

（3）步道通行能力与服务水平[36]

$$C_p = \frac{3600 \cdot V_p}{S_p b_p} = 3600 \cdot V_p \cdot D_p \qquad (2\text{-}3\text{-}1)$$

式中：C_p——步道的基本通行能力，人/（小时·米）；

　　V_p——平均步行速度，米/秒；

　　S_p——行人行走时纵向间距，取 1.0 米；

　　b_p——行人（一条步行带）占用的横向宽度，米；

　　D_p——行人密度，人/平方米。

基于人均步行面积的量化指标，表 2-3-1 给出了正常行走行人服务水平分级标准。当人行服务水平低于 E 级时，需要对既有设施进行设计改造或交通管理。

《HCM 2000》中正常行走人服务水平分级标准[35] 表 2-3-1

服务水平等级	人均空间（平方米/人）	状态描述	图形说明
A	≥5.58	行人能在所希望的路线上行走，不因其他行人的干扰而改变自己的行动。步行速度可以自由选择，行人之间不会产生冲突	
B	3.72~5.58	有足够的面积供人自由选择步行速度、绕越其他行人和避免与其他行人的穿行冲突。行人开始感觉到其他行人的影响，在选择行走路线时也感觉到其他行人的存在	
C	2.23~3.72	有足够的面积供行人选择正常步行速度及在原方向上绕越其他行人。当有反方向或横穿行人存在时，产生轻微冲突，速度和流率有所降低	
D	1.40~2.23	选择步行速度和绕越其他行人的自由受到限制。当存在横向或反向人流时，冲突的概率较高，为避免碰撞行人，需要经常改变速度和位置。该状态下仍能形成比较流畅的行人流动，但是行人之间还可能出现一定的接触和相互影响	
E	0.74~1.40	所有行人的正常步行速度受到限制，需经常调整步子。用于超越行走较慢的行人，横穿或反向行走十分困难。会产生人流堵塞和流动中断	
F	≤0.74	所有行人的步行速度受到严重限制，向前走只能是拖着脚走。与其他行人经常发生不可避免的接触。不可能横向或反向行走，人流极不稳定，空间的排队行人特性多于运动的行人特性	

（4）步行距离

行人的步行距离同步行速度一样，呈现较大的个体差异。经调查统计，一般情况下，步行 400 米以内不会出现抗拒心理，国外平均步行距离为 252 米，极限距离在 3200 米以内，

1600 米以下的步行约占 94%[34]。步行距离很大程度仍然受出行目的和步行环境的影响,外出旅游、健身的人一般喜欢长距离步行;当步道环境较好,景观怡人时,行人耐受步行距离也会明显提高。

(5)步行路线

行人的步行路线同样受到出行目的、步行环境等因素的影响。当出行有着明确目的时,人们总是倾向于以最快的速度到达目的地而选择最近的步行路线;当出行者并没有明确目的,外出散步、游玩时,步行行为则比较自由,此时距离最短不一定成为路线选择决定性理由。同样,步行环境也影响着人们出行路径的选择,行人总是情愿选择步行环境较好的路线。当行人同时面临路径最短和环境最佳选择条件时,不同的人仍有不同的选择,这时需要进行大量的调查才能进行定量的分析。

图 2-3-2 行人为了快速通过形成的捷径

2)步行心理

行人的步行心理影响着步行时间、沿途逗留时间、路径选择等,其中隐含着对理想状态下步行行进过程的期望,主要体现为如下几点:

(1)快速通过心理

生活当中大多数人一旦有了明确的出行目的,在人本能惰性的驱使下,行人会期望走最近的路线,而当最近的路线也超过其忍耐限度时,很大可能会自己开辟一条"捷径",例如城市公园或绿地当中被行人踩踏而形成的一条条小道,见图 2-3-2。

(2)省力心理

步行者在步行过程当中,总会期望以最轻松的方式完成出行过程。而日常生活中,常常需要行人跨越高差,使其耗费较大的体力。瑞典学者奥拉·法格尔马克(Ola Fagelmark)曾经对一条繁忙的大街上行人穿越街道的行为进行观察,人们需要过街到达对面的商业中心,有三种选择:一是绕行 50 米后穿越人行横道,二是直接横穿马路,三是下两段台阶走地下通道。在他经过观察统计后,得到 83% 的人选择绕行走人行横道,10% 的行人直接横穿马路,仅有 7% 的行人选择上下台阶经过地下通道。由此可以看出,行人总是会避免行进过程中遇到的过大的高差,而这对于山地城市来说,几乎是不可避免的。所以,山地城市的步道规划建设需要考虑多方因素,加强对步道除交通功能外的附加功能,提高步道对于山地城市居民的吸引力。

(3)宽容性心理

交叉口是机动车改变行驶方向或者变更行驶路线的必由之路,现代城市道路较多交叉口都设置了信号控制,小汽车出行者通常的想法是经过的交叉口越少越好,这样既可以减少延误,也可以避免交叉口碰撞的危险。而行人则不同,步行者对于路线交织点比较宽容,他们可以轻易地躲避相撞,即使偶尔撞上,后果也比较轻微。如今的交叉口之所以让步行者厌恶,是因为交叉口可能存在的汽车的冲突和信号灯时间损失[37]。而单纯的城市步道不存在机动车的干扰,行人对于步行路线交织点是比较宽容的。

（4）路线多变心理

步行者对路线多样化的喜欢远胜于车行者,机动车交通受限制于城市道路硬件条件,自由度远不如步行,所以车行者更倾向于选择最为稳妥或快速的路线。步行者则会因为购物、娱乐、社交、心情、风景等突发原因而随意地改变路线。

（5）舒适性心理

步行者对步行舒适性很敏感。相比较于汽车,步行者是直接与外部环境相接触,人体相比汽车结构来说是更加脆弱的。行人对于环境温度、湿度、日照、雨雪、风霜、路面、气味、声音、景色、环境洁净程度等都比较在意,车行者则可以依靠小汽车内部独立的相对舒适的小环境避免这些因素。

（6）城市形态精度要求高

步行体验对城市形态的精度要求高,奔驰 GL 车型的平面尺寸大约是 5 米×2 米＝10 平方米,而一个行人的平面尺寸大约是 0.3 米×0.5 米＝0.15 平方米,前者是后者的 66.67 倍;小汽车慢行速度按 20 公里/小时计算,人快速行走的速度按 5 公里/小时计算,前者为后者的 4 倍。而 66.67×4＝266.68 倍,这意味着汽车对空间细节的观察精度大约是行人的 3%,所以步行网络的城市形态精度要求远远高于车行网络[37]。

（7）漫游者心理

虽然步行者的出行目的很大程度上影响了其心理,但大多数步行者都是比较散漫、好奇、情感丰富的。汽车虽然也是由人在驾驶,但驾驶员与行人的状态迥然不同,前者基本是人机一体化,人在驾驶过程当中进入了机器般的紧张状态,后者基本是散漫的、松弛的,尤其是没有急事的步行者,具有受更强个人感受和情绪影响的漫游者心理[37]。

2.3.2 步行与机动车交互理论

1）人车分离理论

人车分离理论出现于城市步道发展的早期,该时期以汽车交通发展为出发点,在 20 世纪 20 年代柯布西耶就提出过人车完全分离的高架道路系统,该时期的世界各国城市规划管理者深受其启发,皆提倡人车完全分离,保证行人的安全和车辆高效通行。然而,随着小汽车的迅速发展,小汽车交通占用了越来越多的城市空间,交通拥堵问题、环境污染、居民生活环境损害、步行出行空间破坏等一系列问题愈来愈严重。

2）步行者优先理论

20 世纪 50 年代以后,开始有国外学者进行反思,他们认为机动化空间的发展必须加以限制,应该以人为出发点,保障步行者的便捷与安全,良好的城市步行系统可以改善不断恶化的道路交通。步行者优先,限制小汽车的出行,是该理论的核心。

3）人车共享理论

自 1963 年英国布恰南的报告提出"交通安宁"理念后,人们逐渐意识到城市是一个综合体,在系统中机动车与步行者都应该得以充分发展,前提是两者应该相互平衡、和谐共存,共享城市空间所提供的资源,达到资源的最佳利用,为社会创造更大的价值。所以 20 世纪 80 年代提出了人车共享理论,以"人车平等,效益最大化"作为核心。

4）建立完整的步道体系

在人车共享的理论基础之上，现代城市交通发展理念提倡回归人行本源，鼓励健康、绿色、节能、环保的出行方式。所以，建立完整的城市步道体系，有利于提高居民步行的便捷性、高效性、愉悦性，增大步行出行比例，并与城市公共交通有效衔接，保障城市交通"步行+公交"出行方式的主体地位。同时，积极发展城市步行交通，建立完整的步道体系，增加人的活动性，对于集约化的土地开发利用和交通综合体的打造，节约日益紧张的城市空间，也具有日趋重要的意义。

2.3.3 步行与城市发展协同理论

20 世纪 80 年代，在经历了交通拥堵、环境破坏、能源危机等世界性难题后，一种新的城市发展策略——TOD 理论被提了出来。该理论旨在约束城市规模，集约化城市土地利用，改善城市生态环境等。TOD 模式强调土地的综合利用，土地开发沿着公交线路紧凑布局，倡导公交优先，减少小汽车的使用。换言之，即在公交场站服务半径以内，包含城市商业、游玩、办公等多种功能，城市全方位对接公共交通，建立高质量、高效率、低碳的城市发展体系，提高城市居民的公共生活水平和友好的居住环境。

1）PDD 模式

孙靓的《城市步行化——城市设计策略研究》中提到，在 TOD 理论的基础之上，衍生出来 POD（Pedestrian-Oriented Development）开发模式，即以步行为导向的开发。该理论倡导以规模化住宅为导向，在该住宅居民步行范围内进行土地开发，在该范围内部创造岗位，吸引就业，并大力发展商业，居民大部分情况下通过步行就能满足工作、生活的各种需求[38]，区域内部的步行导向性公共空间开发为该理论的核心，广义的公共交通也包括步行。POD 理论唯一缺点是局限性较大，仅仅适用于小规模城市组团或者小城镇，这同样也反映了步行的局限性，这时只能通过步行与公共交通的有机耦合，借助公共交通搭建城市步道网络，做出新的尝试。

2）步行口袋（Pedestrian Pocket）[38]

"步行口袋"是新城市主义社区的一种布局模式。该模式仍然以公交站点为核心点，选取 5 分钟（步行距离 400 米）作为辐射半径，建立一个多功能平衡发展的区域，将土地形态进行混合使用。在以公交站点为中心的 20~40 公顷区域内，同时设置有住宅、办公、商业、教育、公共娱乐场所等多种设施，并且住宅类型均为低层高密度，道路网络相互连通。

在"步行口袋"里，其建筑布局密度高，且以居住功能为主，城市居民可以步行上班、购物、休闲。因其以公交站点为中心，所以"步行口袋"可以采取更为系统和紧密的手段与公共交通进行衔接，鼓励人们采取"步行+公交"的出行模式。

不管是 POD 模式还是"步行口袋"的理念，它们都基于 TOD 理论，是对 TOD 理论的继承和细化，通常来讲 TOD 支撑城市步行化发展的具体做法包含如下几个方面：

（1）适合步行距离的开发尺度。在卡尔索普提出的典型城市 TOD 发展模式当中，商业核心区和服务设施距离居住区的步行距离在 600 米以内，步行时间不超过 10 分钟，公交车站位于商业核心的中心位置。距离商业核心 1600 米的开发强度稍低的次级区域则布置一些单独住宅、小型公园、学校和轻工业区等。街道呈网络状，以步行或非机动车出行与公共交通对接。

（2）利于步行的街道系统。TOD 内的街道系统形式简单，指示明确，与公交站点、核心商业区及办公区之间联系便捷。为了避免支路交通驶入干线道路，规定居住区、核心商业区以及办公区之间必须存在多条分流道路与之相连。同时，人行道、行道树和建筑出入口的布设必须也以行人为导向，增强步行氛围。

（3）安全宜人的步行环境。在街道根据需求合理设置步道，且采取相应措施降低小汽车车速。建筑物的主要出入口、门廊、阳台等面向街道，停车库则设在建筑背面，用于增强街道人气。此外，规定建筑物的容积率、朝向和体量等均应有助于提高商业中心活力、补充公共空间，鼓励建筑细部的多样性和宜人尺度的设计。核心区面向行人，有意弱化小汽车交通，通过公共空间设计将公共生活重新引入核心区。

3）步行协同城市开发进程

目前，国外主流城市规划理论认为，现代城市的开发模式发展大约经历三个阶段[24]：

第一是小规模开发阶段。最早的城市开发往往是以局部小地块为单位进行设计，结果会造成建设各自为政，无偿占用城市基础设施资源，缺乏城市景观延续性和城市交通便利性，社区之间相对孤立。该模式使得开发商得益最多，而在城市开发利用上没有集约化，开发效益较低。

第二是整合开发阶段。该阶段城市开发的主要思想是从城市设计的角度出发，对城市建筑、城市开放空间、城市交通系统进行有机组合、调整。在尽量不破坏原有建筑、城市空间的情况下，通过天桥、地下通道、连廊等多种联系方式串接建筑，形成四通八达的步行网络，减少人们在步行层面的变换，引导人流的集中与疏散。但这是一项复杂的工程，需要对步行体系进行统一规划，尤其需要管理部门对建筑物的产权进行协调，开辟适宜的出入口和连接点，并在建筑法规上给予相应的奖励。典型案例为加拿大蒙特利尔中心区的地下步行街，不仅解决了恶劣气候、用地紧张等困难，而且创造了一个丰富多彩的地下世界，把旅馆、办公楼、银行、百货商店和火车站等连通起来，起到了高效率与高效益的城市整合作用。

第三是建筑群综合开发阶段。传统的城市空间是静态、均质的，建筑的功能意义单一而明确，而现代城市空间与以往相比差异较大，它是动态、非均质和超尺度的。随着城市更新节奏的加快，建筑空间和城市空间两者相互渗透与融合，界限模糊化，过去发生在城市空间的活动逐渐向建筑空间转移。建筑群综合开发是整合开发更深入和具体的开发模式，它同样需要通达的步行体系去支持，才足以实现建筑群综合开发带来的规模化效益的优势。

4）步行协同城市生态环境发展

20 世纪 90 年代，在《世界城市状况报告》[39]中，时任联合国秘书长安南指出，城市可持续发展是人类在 21 世纪所面临的最紧迫的挑战之一。面临着工业化的不断发展，城市生态环境越来越脆弱，大气污染、水质污染、噪声污染，降低了人们的生活品质，损害人们的健康。城市的发展理念逐渐回归于与自然的和谐相处，尊重人要求绿色生活环境的权利。步行作为城市居民出行最基础、最自由、最健康、最重要的出行方式，同时也是最环保的出行方式。高度发达且具备吸引力的步行体系，对于减少机动车污染排放，缓解城市用地紧张，营造城市良好生态而言，具有关键意义。

城市历史中心区的步行环境质量和小品空间相当重要。目前，大多数的欧洲城市中心区都限制车流,或者至少已经为步行让出大面积道路空间,尤其是那些游客众多的大城市中心地区,例如巴黎波布尔中心附近的原中央菜市场一带和马雷地区,或者伦敦的科文特花园地区。

格里芬(Griffin)1911年对堪培拉的规划案是体现步行与城市生态融合的经典案例。堪培拉城市北面有缓和的山丘,东、南、西三面有森林密布的很高的山脊,使城市宛如一个不规则的露天剧场,可利用地区边缘的山脉作为城市的背景,利用市区内的山丘作为主体建筑的基地或对景的交点。南部以"国会山"为轴心,北部以城市广场为轴线。市内水光山色相互掩映。一条条道路向四周伸展,与一层层街道交织成蛛网,以大网套小网,纵横交错,内外衔接,十分壮观。

图 2-3-3　纽约曼哈顿中央公园俯瞰图

纽约曼哈顿中心区是现代城市中心的代表。凯文·林奇将今日的曼哈顿形象地描绘为,"有活力、有力量、颓废、神秘、拥挤、巨大、集体",具体地刻画和强调了它的内涵。在这个世界上最重要的城市中心,中央公园的建设是大都市向城市生态化迈出的一大步,中央公园占地约840英亩[①],南北长约3英里[②],占据51条街道,东西向宽约0.6英里,占据三条纵向大道。中央公园完全向公众开放,是大都市中难得的开阔的大自然空间环境[24],见图2-3-3。

2.4　城市步道网络规划布局理论

2.4.1　城市步道总体布局影响要素

城市步道既是城市综合交通体系的重要组成部分,也是居民进行交往、休闲、健身等多项活动的公共生活空间,从属于城市规划布局,所以城市步道的规划建设涉及城市自然地理资源条件、政府行为、居民行为、城市经济发展等多个方面。

1)城市自然地理与规划布局

(1)城市自然地理条件

自然地形是承载城市步道的先天基础,很大程度上决定步道的形式、走向、环境等,克罗吉乌斯在《城市与地形》一书当中对自然地形与城市步道的发展进行了详细的阐述。

以山地城市为例,克罗吉乌斯根据城市地形地貌形态特点把城市地形分为高地型、盘地型、谷地型、河谷海湾型、半岛型、沟壑丘陵型、坡地型七类,多种基本地形单元组成复杂起伏的地形,并在空间上形成三维形态[40]。这样的立体地形对步道的规划建设具有两面性,一方面山地城市地形起伏不平,处于城市不同位置的地方高程显然会不同,在步道的整体布局

---

① 1英亩=4046.856m^2。
② 1英里=1609.344m。

和平顺性上带来了较大的困难;另外一方面,虽然城市各地高差相距较大,但是也为立体步道的建设创造了自然条件,化不利条件为有利因素,建设顺应地形又兼顾行人、人车天然分离的步道,既含特色又便于行人出行。

对于不同的地形形态,城市步道的空间布局方式也不一样,例如半岛型山地城市(三面分别为水面围合的山脉、长丘地形,地形环境边界为水面所限)易形成以某一步行轴线为发展主轴的"鱼骨状布局"的步道,而坡地型山地城市易形成"利用河流等自然边界耦合式发展"的步道[41]。

(2)城市规划布局与结构

城市的规划布局是城市内土地利用属性和各个功能分区的具体表现形式,区域内的规划布局决定了城市内部交通生成、吸引点的分布,很大程度上也确定了城市的密集人流带。邓柏基(2003)从此角度做过详细论述[42]:

城市的旧城区、组团商圈、CBD、新城区等不同城市区会影响城市步行系统的生成,形成不同的布局方式,比如商业中心,由于人流、车流量大、交叉频繁,采用人车完全分流的步道布局比较合适,步道与车行道就容易形成网状、立体多维的布置方式。旧城区由于历史的原因,城市道路往往很不规则,步道呈现多样化的布局方式。步道常与城市内部绿地、山体空间、滨水空间等结合建设,均衡而各具不同功能、侧重点的绿地分布格局,有利于步道系统的建设和完善。城市公共服务中心具有吸引人流的作用,不同的城市公共服务中心布局对步道的建构也是不一样的。比如,靠近居住区的公共服务中心步行人流将比远离居住区的公共服务中心步行人流多,则布局与服务中心相连的步道也会更多。山地城市由于道路网布局的不规则性、自由度较大,给城市公共交通规划带来困难,特别在城市中心区人行与车行混杂,功能混乱,这也是很多山地城市难以解决的一个顽疾。由此,结合城市公交系统,在城市吸引人流的功能区,应增加步道的规划。

山地城市由于地形条件受限,会形成多种规划结构,根据我国山地城市专家黄光宇教授的总结,其结构形态可归纳为紧凑集中型、带型、放射型、树枝型、环形、网格—带状综合型、组团型七种。对于不同结构形态,会有不同的步道布局,比如带型城市易形成"鱼骨状"的步行系统,并以沿城市外部地形的狭长地带为"主心骨";环形城市易形成放射状步行系统,步道以连接内核及外围生态环境为主。

2)政府行为

城市步道规划是一种政府行为,它是城市规划的分支和细化,政府决策部门和管理部门能够对规划全过程、各方面进行指导和限制。

比如19世纪中期,欧思曼对巴黎进行大规模的改建,将道路、广场、绿地、水面、林荫带和大型纪念性建筑物组成一个完整的统一体,特别建设了两种新的绿地,一种是塞纳河沿岸的滨河绿地,一种是宽阔的花园式林荫大道,这对步行系统的完善有极大好处。随着经济的全球化,城市之间的竞争变得白热化,城市的地方政府必须推销自己的城市,才能使城市在竞争中立于不败之地。在我国,地方政府越来越重视城市的对外形象[42]。有学者也认为通过城市形象的塑造再创造城市新型的核心性资源可以在更高层次上保护城市传统资源要素,使其发挥更大的作用[43]。

广义的城市道路,涵盖机动车道、非机动车道和步道,城市道路网络犹如人体的骨架一般存在于城市结构当中,人们可以通过各种交通工具在"城市骨架"当中通行,纵览城市景观,这直接关乎一个人对城市的印象和整个城市的格调。步道作为人的直接承载空间,对于打造城市名片、提升城市整体形象而言至关重要。目前,许多城市政府也开始意识这一点,

图 2-4-1 欧洲六国促进行人交通报告

实施以步道为依托的城市环境建设,例如打造城市特色历史文化街区、现代商业步行街、滨水观光步道、休闲健身步道等多种方式的步道,促进人们更加细致地感受城市的发展,并且加强步行这种传统交通方式在机动化时代发挥的作用。

当然,政府行为对城市规划建设有时候也会产生负面作用,例如一些地方政府仅仅为了城市景观或者经济效益,修建坡度异常陡或者线形走向过于曲折的步道,忽视了对作为步行主体的人的考虑。

欧洲六国的"促进城市的行人交通新手段项目"政策(图 2-4-1),其总体目标为促进城市慢行交通发展,尤其是步行交通的规划建设,寻求解决办法,改善城市生活空间和行人的步行品质。以新工具的发展和通用问题的方案考虑,确定解决问题的实施措施。除了激活城市居民的步行活力,增加步行出行外,也会对其他发展事项有所促进:增加慢行交通出行方式占比,提倡非机动车的共享使用;公共交通工具代替私家车;减轻交通运输对环境的有害影响;改善公共场所的无障碍设计;提高公民的健康水平;减少城市污染和环境破坏等。

3) 居民行为

城市居民是城市步道的服务对象与主体,城市步道的规划建设必须考虑居民行为的影响。居民行为具体指城市居民出行的行为,它包括居民对城市步道的规模、数量、布局、形态的期待,也包括居民对步行出行的最大耐受距离、最长忍受时间、步行环境和路线偏好等等,最后还要考虑城市居民对城市步道的附加价值,如购物游玩、休闲健身、历史文化风貌等多种要求。居民行为的反映和政府规划部门的双向互动互通,才可以保障城市步道的规划建设不是"一纸空文",而是切合实际,惠及群众。

具体到居民的出行行为体验,山地城市复杂地形环境中的步行需要上下爬坡,导致行人体能和时间大量消耗、身体疲劳。根据苏联学者的研究,在坡地地形条件下,步行可达区由平原城市的圆形变成椭圆形,人们一般出行步行距离随地形的上坡、下坡难度的增加而减少[40]。对于人的运动可能性,莱文(K. Lewin)提出了"霍道逻辑空间(Hodological Space)"这一概念,他认为人们"可能运动的空间"是对"短距离""安全性""最小工作量""最大经验量"等加以综合的"希望选择的路线",而不只是简单的直线路径。对于山地城市,可以利用其丰富的地形条件,创造多样的环境景观,从而引起人们的情绪变化,提升行人的心理感受,使人们获得"最大经验量",以提高步行的质量[44]。

4) 城市经济发展

城市经济发展的水平与城市交通息息相关,经济的不断发展创造了更大量、更多样、更丰富

的交通需求,对城市交通也提出了越来越高的要求;反过来,城市交通在不断满足发展着的交通需求时,城市交通基础设施愈趋完善,城市综合交通体系运行更加高效,两者趋于动态平衡。

然而,城市经济的飞速发展,居民收入水平的不断提高,对生活环境、质量的要求也不断提高。城市化进程当中,城市机动车保有量逐年增长,城市道路占据了越来越多的空间,这也影响着居民的交通方式出行比例。同时,城市房地产开发仍然为支柱型产业之一,每年大量涌入城市的人口分散到城市各个部分,城市空间已经几乎毫无保留地被利用,各个居住区的居民更多地关注居住环境,其中步行环境蕴藏着较大的公共生活空间,城市居民对步行环境的要求必然会越来越高。

所以,城市经济的发展在交通出行方式比例和居民出行期望上对步道规划建设也发挥着潜在的巨大影响。

2.4.2 步道区段选线影响要素

单条的区段步道是城市步道网络的基本组成单位,一条步道的选线应该在城市总体规划和控制性规划的指导下,根据城市公众的需求,分析城市空间特征和用地性质,综合考虑公共交通、居民分布、文化特色等多方面要素,寻求最佳的步道线路。具体来讲,可以从如下几个方面考虑:

1)居民分布

城市步道归根结底还是要服务于城市居民,以方便人们的出行为目的,步道的区位选择必须要靠近服务对象,综合考量居民密度、人口规模、出行规律,尽量在居民分布集中的地方设置高服务水平的步道,满足城市居民的工作、日常生活等出行;如果居民分布比较分散,则步道的设置应起到串联各个居民出行"质心"的作用,尽可能让较多的居民选择步行交通。

2)交通便捷度

步道的交通便捷度的考虑可以根据出行目的的不同,从两个方向着手:一是在交通便捷度较低的地方设置步道,二是在交通便捷度较高的地方设置步道:

(1)低交通便捷度设置步道

城市交通便捷程度较低的地方如果是地形复杂、受限较大的山地城市区域,则该区域不适宜发展非机动车交通,机动车和公共交通也不方便与其连通,只能够顺应地形设置可以便捷通行的步道,以缩短出行距离,同时也可以扩大步行者的自由度和可达性。如果交通便捷程度较低的地方位于城市中心区域,则以邻近的公交枢纽、停车库等为导向,通过设置能够快速到达公交枢纽、停车库的步道,保证步行者可以实现高效的集散。

(2)高交通便捷度设置步道

在城市交通较发达、交通便捷程度较高的区域设置步道,一方面可以通过步道接驳于周边的通勤、娱乐、游憩人流集散点,为人流集散提供通道;另一方面,步道与公共交通的深度融合有利于促成"步行+公交"的绿色大众交通出行模式,推广"公交优先"的理念。

3)地形地貌情况

区域的地形地貌条件是步道选线考虑的另一个重要因素,顺应区域地理特征,对于良好景观的建立、自然风貌的吸引力营造、配套设施的建设具有关键意义。如重庆市渝中区的临江盘山步道,沿着鹅岭的山势同时关注江面视野,充分与城市地形地貌相协调,赋予步道以城市特色,见图 2-4-2。

4) 历史文脉的沉淀

每一条街巷都是整个城市发展的缩影,街巷漫漫历史长河留下的人们生活的痕迹是城市的精神象征,是珍贵的财富。步道的建设有利于保护城市历史文化街区、民风民俗街坊,复兴城市传统文化和特色,也有利于保持城市的生机与活力。步道的规划建设与城市历史文脉体系保护相结合,在可以取得很好的社会效益的同时也可以取得较好的经济效益,最终提升城市的环境和品位。图 2-4-3 是重庆市渝中区极具文脉韵味的步道。

图 2-4-2　重庆渝中的临江盘山步道　　　　　图 2-4-3　重庆极具文脉韵味的步道

2.4.3　步道的空间序列设计理念

武晓勇、刘彦君(2006)[24]对步道的空间序列设计进行过如下阐述:

当人们漫步于城市步道、步行街时,随着视点的游移,街道景观一幕幕地在眼前展现,前后相随、依次递变。步道空间的序列感构成街道空间的秩序,赋予空间连续、层次性的整体动态感受。步道空间的感染力往往依靠这些有层次的印象序列性地刺激,引发美感体验。在精心设计的城市步道空间设计中,空间序列与功能序列、景观序列以及人的美感序列、情绪序列应是相互契合的有机统一体。

城市步道的序列可以划分为前导、发展、高潮、结尾几个部分。前导,即发端起景,通过相应的造景手段,使人的心境摆脱外环境的干扰,将注意力和追寻的目标集中到设定的环境气氛中来。经过起景,深入序列空间内部后,环境设计的重点便是放到"星换斗移""引人人胜"方面,即按步步深化、不断发展来组织空间。高潮,是序列空间的高峰,人的注意力、兴趣、情感都会因高潮的出现而为之振奋。高潮往往伴随一定主题和较大的空间内容,使人流连忘返。为了衬托高潮,进行注意力强化,一般在高潮前设置铺垫的前景,其后设置衬景。在序列的尾声,常景断意连,余韵袅袅。

1) 入口设计

虽然目前没有强制性规定每一条步道都需要有特别的东西来标志起点和终点。但是如果一条较长的步行街巷有不同的街名,那么每条街巷都应该有比较明显的起点和终点,以方便人们寻找,在城市中确定自己的位置。起点和终点对造就一条街并非是至关重要的,但如果街道的起点和终点设计得好的话,会给步行街巷锦上添花。

例如,在城市商业步行街区设计中,常常用物理元素来标明入口,它们表明界限所在,人们日常的碰面、约会等都会以它为地标。室外城市步道常常也以牌坊、门楼、交通路障作为入口标志界定标始,这不仅仅起到地段、区域的划分作用,而且便于组织区内、区外空间及管理,还起到框景的作用。室内城市步行街则常常以拱廊端部作为入口标识,通常是将其拱廊露明形成明显的入口空间,有很强的诱导性。而地下步行街的入口应该强调空间的过渡性,尤其是应该注意循序渐进地向地下空间引导,因而下沉的庭院或半开敞的下沉式广场是常用手法。

如罗马维·德·乔波拉尼街两头的广场、斯托格街一头的市政厅广场,以及伦勃拉斯街和帕索·德·格拉西亚街的共同起点是卡塔伦亚宫。它们同时是主要目的地和街道的起点,并且与街道之间相互从属。尽管卡塔伦亚宫并不是伦勃拉斯街明显的视觉起点,但从街上很容易进入,街尾的哥伦布柱也将它标示出来。维·德·乔波拉尼街的两端,由于其形状以及市场活动而引人注目,极富吸引力。

2) 节点空间设计

在城市步道中,尤其是长街道的某处,通常会有停顿。这些停顿处不只是交汇处,也可以是小广场或公园、宽敞处或开阔地,被称为步行街道的节点。节点在相对狭窄的步行街道、长街及曲折的街上尤其重要。街道空间中的线形节点犹如步行街的锚固点,在组织步行序列空间中具有重要作用。它通常是以小型广场的形式在空间导向上起着承接转换的作用。一般位于街道中部的道路交叉处与较主要用途的建筑结合起来,为步行者提供休息、交谈、娱乐的空间。

节点空间是城市居民步行行进过程中的停驻点,集中体现了城市步道承载的城市特色景观、民俗风貌、文化底蕴等,是步行者获得良好步行体验的重要空间。重庆一些区域的山城步道以优雅美观的节点设计吸引了许多人前往休闲、健身、观景。哥本哈根的斯托格勒街,其节点空间以距离差异化分布,每处形状和活动也都各不相同,但都提供了闲坐、会面、聊天的场地,从这个意义上来讲,它们成为该段步行街区的公共中心,见图 2-4-4。

图 2-4-4 斯托格勒步行街

3) 空间序列的高潮——广场·中庭(特殊节点空间)

城市步道空间序列的高潮部分,通常集中了大量的人流、视景与活动,是休憩、交往、观赏等功能融为一体的公共空间,也常常是步行街区立体人流流线的转换处。在室外通常是较为大型的开放性广场空间,在室内街中通常以中庭的形式表现出来。这一公共活动的中心区,除了考虑功能上的分区——休息区、演出区、展示区、文化民俗区、观景区外,在环境处理上更应浓墨重彩地加以刻画。五彩缤纷的花坛、喷珠溅玉的水景、生动有趣的小品标志,构成相互交织的视线与景观,配套完善的设施,使得步行空间充满魅力。

2.4.4 城市步道网络拓扑形态

城市步道网络空间拓扑形态是整个城市步道的整体布局原则与组织形式,控制和决定着各个区域、区段步道的性质、功能、规模,一定程度上也影响着城市的空间形态,侧面反映城市在经济、政治、文化上的需求与导向。陈雷(2006)对此进行了系统、详实的梳理[30]。

1)中心发散模式

(1)形成原因与空间特征

步行系统的中心发散模式多是城市自然发展演化形成的形态结果,中心先于城市形成,步道网从中心向四周无序的延伸,呈现出看似随机的发散网络。同时,中心发散的步道系统也在一定程度上体现着政治和军事的需求。随着城市的不断演化发展,出现了巴洛克风格的放射状道路系统以及后来的同心圆结构模式。工业革命以后,由于城市由内向外快速扩张,为了解决扩张后的部分交通联系而采用了环路+放射状步道这种单中心发散模式。

按照发散形式和步行网络生成的过程的不同,中心发散模式可以分为星形(指状)结构和蛛网(放射+环路)两种模式,见图2-4-5。星形结构是一种自然、理想化的城市形态,其特点为自发地从强有力的城市核心沿着发散的城市干道呈放射状向外延伸。楔形的城市绿地插入城市中,将放射干道间的城市空间分隔开来。蛛网结构具有明显的向心形态,同心圆式的环道与放射状道路交汇,强化了城市步行中心的地位和控制力,该模式城市格局中心明确,中心内外差异较大。

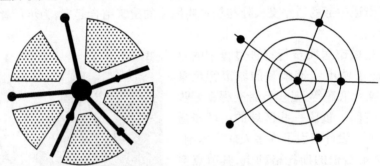

图 2-4-5 星形结构和蛛网结构

按照中心数目的不同,中心发散模式可以分为单中心发散模式和多中心发散模式。单中心模式往往具有一个富有活力的、密集的并且多用途的单一控制区域,由此辐射出数条交通线,次中心设在沿线一定间距位置,城市绿地往往穿插其中,使城市具有良好的生态环境。

(2)案例分析

意大利山城锡耶纳是传统的中心发散步行模式的城市,该市中心的坎波广场既位于城市地理位置的几何中心,又是市民进行公众生活的中心,见图2-4-6[30]。坎波广场延伸出几条放射性的城市主要干道,形成了以教堂广场为中心的随机发散模式。整个城市规模不大,市民出行以步行为主,街道与建筑在设计与尺度上与步行者可以很好地适应,视觉连续性较好,蜿蜒的街道和风格统一的建筑,形成了鲜明的城市特色。

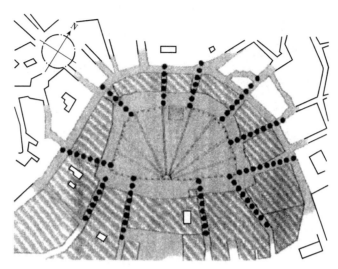

图 2-4-6 锡耶纳中心坎波广场

2）分区组团模式

（1）形成原因与空间特征

城市布局形成分区组团的模式大致有两类原因：一类是由于城市各区域地形地貌差异较大，城市协同发展困难，难以形成强大中心辐射整个城市范围；第二类为城市规模较大，城市发展与管理难度大，单城市中心也难以支撑城市的需求。雅典宪章中的城市功能分区思想对城市的组团发展也产生了深刻的影响。在我国，典型的山地城市重庆主城区、香港、广州等都是组团发展，所以整个城市的步行体系格局也呈现组团式发展。

城市组团一般按其功能分为商业和金融业为主的中心组团（如重庆的渝中区），以生活居住为主的居住组团（如重庆的南岸区），以行政办公为主的行政组团（如重庆的江北区），以工业生产为主的工业组团（如重庆的大渡口区），以文化教育为主的文化组团（如重庆的沙坪坝区）等，各组团都有自己的步行网络和步行中心，组团间主要以机动车交通联系。

商业组团土地开发强度高，人流量大，城市空间利用率已然较大，适宜建立立体化的步行体系，其步行空间形态一般呈树枝状和网状结构。居住组团人流通常较为分散，绿地较多，组团中心多以休闲性的广场和绿地为主，空间形态较为开敞，同时结合区政府广场的设置建设，呈现明显的团状空间。

城市不同组团之间往往间隔着自然山体或者水系，例如嘉陵江和长江把重庆主城分割为明显的几个组团，组团间的步行出行较为困难，为加强组团联系，在组团边界设置步行廊道，加强整个城市的步行空间网络联系。

（2）案例分析

北碚组团位于重庆市主城区西北部，处于成渝北部联系主通道上，是重庆辐射渝西北及成渝腹地的门户，也是主城区向合川方向辐射的产业走廊的锚节点。北碚组团由于距离主城区较远，形成了独具风格、自成一体的空间格局，城市发展一直以来以嘉陵江南岸的北碚老城为中心呈组团式独立发展。由于缙云山、中梁山形成的天然屏障，以及嘉陵江的分割，北碚组团一直围绕着嘉陵江以南区域发展，发展的主要方向朝着南面。尽管城市发展逐渐

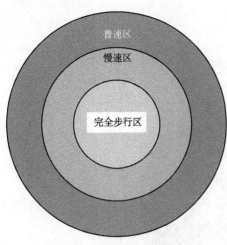

图 2-4-7 圈层式道路网络示意图

向南扩张,但北碚组团空间尺度一直延续着中小城市的小尺度特色。

北碚组团一直保持着较高的内部出行比例,内部出行比例高达97%,组团间出行比例较低,约3%。相较于主城区逐年下降的内部出行比例(从2002年的85%下降到70%),北碚区保持了良好的"自给自足"的独立发展模式。北碚组团坚持以步行为主导的绿色交通出行模式,建设以低碳、环保的步行交通与大容量公共交通为主导的出行结构。通过对北碚组团的空间形态进行重新分割,缩小城市空间尺度,从空间形态上降低居民出行距离。在交通分区的城市中心区内适应构建圈层式步行街区,从步行街区由里往外形成"完全步行区—慢速区—普速区"三个圈层,见图2-4-7[45]。

3)均质格网模式

(1)形成原因与空间特征

均值格网的步行模式多应用于地形平坦,历史文脉保护较好的城市,方格网的网络布局也传递出一种经过了理性规划的意味。在古代,均值格网被用来表达一种标准和控制,体现着中央集权等级统治的政治意义,表达一种超乎寻常的完美和秩序。世界上著名的格网城市有古希腊的米利提都、隋唐时期的长安、日本的京都等。同时,由方格网划分的均值地块也被用于支持个人主义式的平等社会,体现着公平公正。西方很多殖民城市都是均质格网模式的代表,如美国的费城、萨凡纳、纽约等。随着机动化时代的到来,方格网城市也显示了一些优越性,其直线形的街道和规则的交叉口有利于机动车的快速通行,地块分布规则,利于建筑和街坊的布置,均值格网步道模式的形成也是因为机动车交通对土地的分割,所以步道体系也是往往依附于机动车交通系统。

古代方格网式路网是以人的尺度进行布局,城市是适宜步行的,但是随着汽车工业的不断发展,现代城市尺度越来越大,当街廓的尺度超过某一极限的时候,城市被格网分成"块状",则导致步行连续性受损,步行者难以形成良好的步行体验。现代理想的格网式布局可以区分不同等级的道路,线形顺应地形弯曲,较好地顺从原有城市肌理。

(2)案例分析

美国萨凡纳市是在细胞单元的基础上进行布局的,它倾向于通过这些单元的复制而生长。每一个单位有一个相同的布局:四组十栋房子的地块和四个"托管地块"(保留下来用作公共或重要的建筑)环绕着一个公共广场。主要的穿越交通依靠单元间的街道,公共广场作为静态交通的载体。该细胞结构不仅是内部发展的良好模式,也包含中心绿化广场间线性联系的向外延伸发展的要素,每隔一段距离,沿途的林荫大道代替了普通的街道。

4)自演化模式

(1)形成原因与空间特征

自演化模式首先产生于城市独特的地理环境和步行活动的丰富多样,传统城镇的步行空间多数都是自演化随机生长的结果。多样的城市公共生活,要求各种类型的步行空间环境给予现实支撑,也因此产生了不规则的步行空间。随着时间的流逝和历史的沉淀,步行者所能感受的步行体验与地理环境融洽的结合,营造出丰富的空间层次和多变的视觉效果,如意大利著名水城威尼斯遍布全城的步道网络(图 2-4-8[30])。其次,自演化模式也是城市生长的有机性与时序性的结果。自演化的步行空间带着强烈的时间烙印。近年来随着分形学、混沌理论的成熟,人们在逐渐掌握这一随机结构模式中的有序性和规律性,致力于构建符合当前城市发展的特色空间模式。

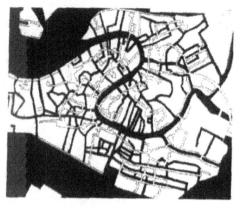

图 2-4-8　水城威尼斯自演化步行体系

自演化模式最大特征就是步行体系在走向、宽窄、长度等方面的不规则。首先,自演化步行网络没有明确的方向和规则的布局,步道往往可以随意拐弯和曲折,也可能产生错位,如果道路不太熟悉,很容易使人迷失方向,这种情况在我国江南水乡古镇中经常出现。其次,在道路宽窄上,往往呈现出较大的缩放变化。空间的开放与封闭并不完全取决于道路本身,还在于空间界面、围合空间的建筑和植被等。最后,在步道的通达与封闭上,自演化的道路并非都能让人们畅通无阻,常常也会形成一些死胡同。人们甚至在需要的时候,会在墙上开一扇门或挖一个洞,供人们行走通行,并且在视觉上产生丰富的层次和突变的效果。

(2)案例分析

丹麦首都哥本哈根,从 1962 年建立中心区步行街网络开始实行城市步行化计划,到现在为止一直保持着可持续开发的潜力和趋势。哥本哈根逐步拓展和改进步行环境,渐进式地推进街道和广场步行化的进程,不仅符合城市的建设规律,同时切实地贴切城市居民的习惯变化和接受程度的转变,温和的过程彰显了以人为本的思想,逐渐从混乱拥挤的交通环境变成了一个安静而富有生机的城市空间。

1962 年哥本哈根市中心的主要街道斯特勒格街成为步行街,这条街是城市步行系统的主要连接线,并作为市中心东西方向的连接枢纽,原本也作为哥本哈根最繁荣和重要的商业街之一。1968 年,步行街网络中第二条步行街菲奥尔街建成,加强了内城南北方向的联系,它与公共交通重点北港和斯特勒格街连接。1973 年哥布马格街成为步行街网络中的第三条街道,该街道与公共交通中心北港以及城市心脏——阿马格广场联系起来。在政策和管理上,一批小型街道也限制了汽车的通行,构成市中心街道步行体系的组成部分,串联步行者主要目的地。1973 年后,步行街网络的主体脉络稳定下来,开始重点改造街道节点,在街道空间扩大的部分建设中心区步行广场或者转化广场的功能,使它们与区内的步行街建立便捷、直接的联系,或者成为中心区边缘与城市其他空间、区域的重要过渡和衔接部分。广场的开放性和公共性,对内向型的街区能够形成较好的补充,让区内的步行体系不断向外延展,进而带动了中心区边缘沿运河港口一带的步行化发展。到 1996 年,哥本哈根中心区步行区域面积已达到 96000 平方米左右,是步行街最初发展规模的 6 倍,其发展过程见图 2-4-9[30]。

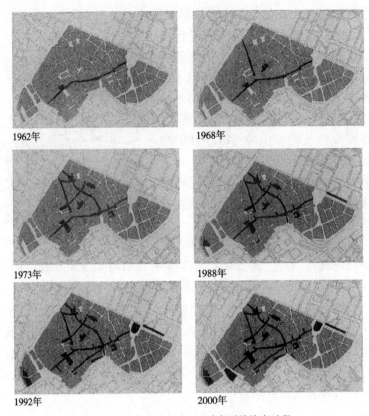

1962年 　　　　　　　　　　　　　1968年

1973年 　　　　　　　　　　　　　1988年

1992年 　　　　　　　　　　　　　2000年

图 2-4-9　哥本哈根中心区步行系统演变过程

5）复合模式

由于理想且规则的均质格网模式具有容易布置的直线街道,因此这种模式频繁地被叠加或者融合于其他步行网络模式当中。同时,城市功能的多样性以及城市建设的时序性也是复合模式产生的原动力。此外,城市建设中强烈的人文色彩和政府意志体现也能够给城市留下不同形态的时代烙印,形成丰富多彩的城市肌理。

（1）格网与发散的复合模式

均质格网各地块的差异性不大,缺乏明显的变化和中心,城市步行者在心理上易产生疲劳,因此许多规划师尝试着将方格网与其他空间布局形式有机融合。在1792年朗方的华盛顿规划中,巴洛克式放射状大道被叠加到整齐的城市格网当中,在原有的网格肌理上形成变化的空间和地块,打破均质格网带来的千篇一律。这种复合模式进一步强调了华盛顿的城市秩序感与逻辑性。此外,在1901年波恩海姆为芝加哥所做的规划方案中,也采用了欧洲古典城市的巴洛克手法,以纪念性建筑和广场为核心,通过放射状道路形成数条气势恢宏的城市轴线,恢复城市中失去的视觉秩序以及和谐之美。

另一种格网与发散模式结合的方式是由直线和曲线的叠加形成。由于格网直线模式的主导激发了对单纯使用该模式的反对,转而倡导连续的曲线式布局,地块在该布局当中产生出宽窄深浅不一的丰富变化。曲线可以封闭视线,为新发展的邻里和郊区增添视觉趣味,也被用来减少视觉渗透性。

（2）格网与自演化的复合模式

格网模式为步行者提供多样的路径选择机会的步行空间,但常常显得比较机械和单调,自演化模式更多地带给人们以变化和亲切的人性化空间,两者的有机融合让整个城市体系更加生动、富含活力。

意大利 Rothenburg 步行规划案中,在城市不规则格网当中,空间结构呈两种方式演变,见图 2-4-10[30]。首先,建筑群体的形状和排列(城市街区)意味着视线不会笔直地沿着网格从一边延伸到另一边,而是可以仔细欣赏沿线建筑的风貌。在步行规划实践的不断探索路途当中,格网模式与自演化模式叠加也是城市自上而下和自下而上的共同作用过程,充分利用有限的城市土地、空间资源,塑造更加高效、人性化的步行空间。

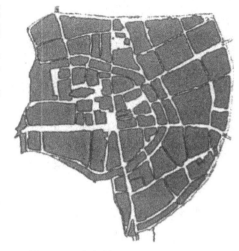

（3）格网与组团的复合模式

分区组团模式和格网模式的有机整合,打破了格网模式的均质化和单调感,各组团分中心的出现也成为城市的控制要素,防止城市的无序蔓延。组团与组团间通过格网取得和谐统一,分区组团和格网的符合模式同时保证了步行的畅通性和连续性。

图 2-4-10 意大利 Rothenburg 空间结构

澳大利亚首都堪培拉的城市空间作为分区组团模式与均值格网模式的典型,多变的放射状路网通过均质的格网体系将各城市组团有机地结合在一起。步行者在城市中穿行时,既能自由选择行走的路径,同时又不至于迷失在方格网路网当中。此外,堪培拉较好地利用了城市的自然地理资源,其城市轴线以自然山峦和水体展开,而不是常见的宏伟建筑。

2.4.5 城市步行单元空间形态及组织方式

在城市步道网络空间总体拓扑形态的整体结构下,分散于城市各个区域、承接不同功能的步道单元也呈现出自己的空间布局形态与组织方式。步行单元主要指有多种交通方式聚集、高峰小时有较强人流量的、以满足交通性步行需要为主体的步行区域,通过对步行单元流线的抽象总结,可以得到其步行流线常见模式,国内也有学者对此进行了研究和总结[46]:

1）线型模式

线型模式是城市步行网络的初始形态,也是构成网络的基本单元。它可以是一条步行主街连接多个城市广场或步行小巷,也可以是数条步行主街的线型连接。线型模式的出现主要跟人们的步行行为和城市地理环境有关。同时很多线型的商业街,往往是在旧城区改造中形成的,它的行进路径通常和旧城区发展轨迹吻合。

线型模式的空间特征在于其连续性和伸展性,具有运动、延伸、增长的意味。线型模式可分为直线型和曲折线型两种模式,其中直线型步行空间模式往往带给人速度感和轴线感,具有突出和聚焦的作用。值得注意的是直线运动容易让行人疲惫,一览无余的步行空间是乏味的。因此这类的步行空间应更重视空间节点的设计和空间的立体化设计。而曲折线型步行空间相比较而言有着天然优势,曲折的行径路径充满着未知和突然性,更能唤起步行者的好奇心和步行的欲望。因此曲折线型更加人性,更有趣味。其典型例子为瑞典斯德哥尔摩以及奥地利维也纳的线型城市网络步道,见图 2-4-11、图 2-4-12[18]。

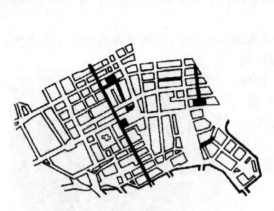

图 2-4-11 斯德哥尔摩线型步行模式

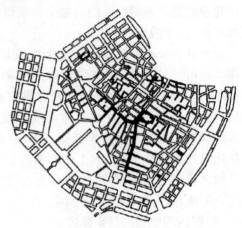

图 2-4-12 维也纳线型步行模式

2) 鱼骨模式

鱼骨模式是线型模式在不同方向上的叠加,同时也是线型模式在水平空间上的拓展。在一条较长的商业街上,都带有向两侧拓展的鱼骨模式,为了打破线型模式的单调和乏味,人们往往希望在一定的步行距离内出现步行方向的转折和步行空间上的变化。同时,由于线型商业街的临街面长度有限,无法满足商业的需求、体现商业用地的价值,因此线型的商业步行街往往与城市支路叠加形成鱼骨状的布局,将商业街的步行活动沿着次级的步道向两侧延伸,成为两个不同方向、不同主次的线型模式的叠加。其典型例子为荷兰阿姆斯特丹的鱼骨型网络步道,由东北向两翼扩展,见图 2-4-13[18]。

在鱼骨模式的步行单元中,往往在支路与主要步行街相交的地方进行特殊处理,或将交汇处扩大成广场空间,或设立标志性的构筑物,成为视觉的焦点和步行的节点,为步行者提供停留休息的开放空间。

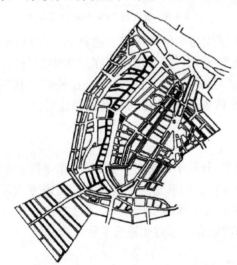

图 2-4-13 阿姆斯特丹鱼骨型步行模式

3) 树型模式

所谓树型模式就是由一系列步道支路汇聚于一条步道主路之上的布局形式。一般来讲,树型结构是城市步行空间分形生长的结果,是城市发展的自组织性规律所致,其形式表现为局部空间形态和整体网络的自相似性。同样,存在人为规划的树型单元,多是由于机动交通的道路分级所致。

4) 网状模式

网状模式是步行网络发展的成熟形态。网格模式呈现出线型和鱼骨型的空间叠加,形态丰富;空间序列有节奏和变化,使得步行者在行动中移步换景;路径选择具有的多样性,富有人情味和趣味性;步行空间具有开放性和渗透性的特征,能最大限度和城市融合。其典型案例为哥本哈根的城市网状步道,见图2-4-14[18]。

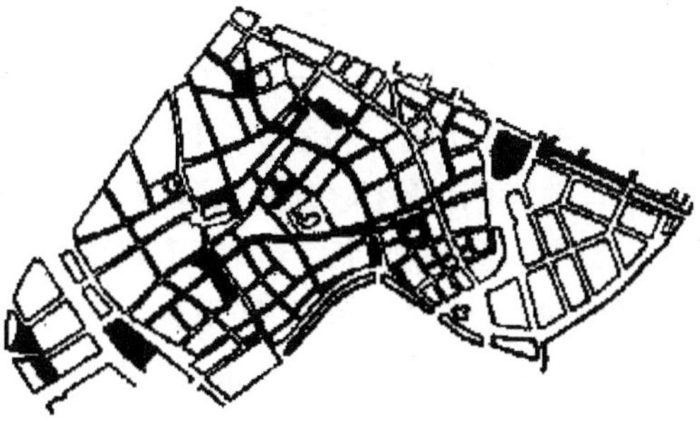

图2-4-14 哥本哈根网状步行模式

2.4.6 山地城市步道规划布局发展趋势

通过对上文的理论加以整合、理解,结合山地城市交通系统特征进行分析,可以总结出山地城市步道规划布局的发展呈现如下趋势:

1)立体化发展趋势

城市的规划设计就是利用有限的土地资源,创造出一个从根本上方便于人的城市综合体系。土地不是无限的,城市生产生活的活动推动着经济的发展,也占据了越来越多的城市空间,两者矛盾的调和点则是推动城市空间向立体化发展。电梯解决了空间的竖向人流流通问题,是高层建筑得以发展的关键性因素之一。然而在城市职能综合化、建筑空间巨构化、一体化的发展情况下,同样需要建立这些促进空间综合体各个层面横向交流的立体化步行空间。步行空间不再拘束于地面,或者是孤立的地下通道和人行天桥,而是以更舒展的、三维立体的姿态沟通不同层次的城市空间。城市多种交通方式交叉换乘的综合交通枢纽按需分布在城市各种节点中,立体化的步行空间系统是这些交通换乘系统的主要媒介。地铁的建设拉动了地下空间的综合开发,地下商业步行街、过街通道、地下停车库、地面建筑的地下空间也通过立体化的步行体系连接在一起,最终实现地下枢纽和地上综合体的一体化大联合[47]。

图2-4-15 多层次立体步行体系模拟

山地城市由于地形高差较大,地面空间资源的利用受到了自然条件的制约。在规划建设山地城市步道的时候,就应该因地制宜,不仅要想到起伏地形和山城地貌带来的约束,而且要利用这些特征发展具有特色的立体化步道。在地质条件适宜的地方建造地下步道,在需克服较大高差时建造人性化的山城步道,在城市商业密集的大人流地带,适当建造建筑间空中连廊,并充分与地面步道衔接,建立地下—地面—空中多层次步道体系,见图2-4-15。

2)综合化发展趋势

现代城市步行空间不再只是单一地提供步行的交通功能,往往集成了商业、旅游观光、休闲、健身等多方位功能,或者以某一功能为特色进行打造,例如重庆的山城步道,切合了山城重庆独特的"梯坎文化",获得了较多居民的喜爱。

同时,步行空间宜形成以人为核心的枢纽空间,步行者可通过步道达到多种目的,并且枢纽空间与公共交通存在良好搭接,步道体系呈多功能综合化发展趋势。

3)网络化发展趋势

步行网络是城市步道的有机统一,它由步道、步行优先道为空间骨架,联系城市中散落的步行空间,如步行广场、步行的小巷等,构成了完整的、连续的步行街区。步行网络中,步行空间体系的组织正如一篇文章,每条步行街都是其中的一个章节。它以清晰的脉络和主线(人的步行动线),将各个空间单体连接贯通起来,在空间主体功能得到满足的前提下再发挥各自的特色,最终形成有机联系的空间网络和体系,实现个体形态向系统形态的转化[46]。

城市步道的规划宜与城市道路网的布局一样呈网络化建设,成网的步道有利于将孤立的、分散的步道串联起来,实现城市人流的均质化;同时将不同功能的步道整合联系起来,形成完善的城市步行生态,从根本上增强了行人自由度和可达性,也有利于城市各个功能分区的联系,促进城市经济的发展。目前,国外大城市所采用的步道网络布局通常为线状连接和网格式布局两种,山地城市地形更为复杂,城市道路呈自由式布局,步道网络的形态也可能更加灵活。

第3章 国外城市步道规划实践经验

从一座城市的步行空间可以看出这座城市的空间发展策略和对交通方式的导向。国外有几座城市是当今世界城市步道发展的典型,它们的成功经验可分为四类,一是通过以点到面的方法建立公共空间,如巴塞罗那市;二是通过政策、规范的制定来保证城市整体步行空间的和谐和统一,如里昂市;三是通过制定步行线路提倡步行,如埃斯林根市、奥克兰市;四是通过改善步行环境,提倡人们使用步行、自行车、公共交通工具等来改善交通方式结构和城市整体面貌和品质,例如斯特拉斯堡、弗赖堡、波特兰、斯洛文尼亚等城市。此外,新加坡完整的步行系统、多伦多城市滨水地区、美国丹佛市普拉特中央谷地、美国明尼阿波利斯市空中步道系统、日本"两公园+1新城"城市绿道网络等规划也十分成功。

3.1 巴塞罗那:公共空间的建立

巴塞罗那位于科尔赛罗拉山高地,高地面积约 160 平方公里,城市占据了其中的 101 平方公里,整体处于丘陵地带,属于典型的山地城市。这个南欧大都市的战略目标是在城市各处为休闲和社会活动建立完美的公共空间,极富创意的设计是这座城市的标志。巴塞罗那通过拆毁旧建筑和压缩车行道宽度在城市各处为人们休闲和社会活动建立完美的公共空间,城市的每个街区都有"起居室",每一个地区都有公园,在那里利用步行,人们可以交流,小孩可在一起玩耍。

巴塞罗那市的公共空间分为三类,一是石制地面和公共设施的广场,称为"石质空间",即硬质空间,作为城市起居室和交往场所;二是较柔和的铺碎石公共空间,称为"碎石广场",供人休息、嬉戏的场所;三是设置在林荫大道当中的休闲广场,供人们小坐、休息、玩耍,见图 3-1-1[9]。

a)西班牙工业公园   b)步行街

图 3-1-1

c)休憩场所　　　　　　　　　　　　　　d)巴塞罗那海滨大道

图 3-1-1　巴塞罗那公共步行空间

3.2　里昂：制定完善的城市公共空间政策

里昂位于法国中央高原（Massif Central）、东布平原（Dombes）和下多芬内平原（Bas-Dauphiné）的交汇处，地形较为多样。这个法国中等规模的山地城市，集中资源，在市中心和郊区创造了一系列的城市公共空间，包括罗讷河与索恩河堤岸相关的"蓝色规划"和指导街道、广场、建筑体、桥梁、河堤、历史性纪念物等特殊城市要素进行总体的艺术和功能性照明的"光明规划"设计指南。

里昂公共空间政策包括材料和设施规范的制定，应用在郊区改建住宅区和市中心的高质量座椅和灯具，用于市中心广场表面的暖调浅色砂石和浅色花岗石，用于铺地的彩色混凝土块和绿色草地配合红色或赭石色的鹅卵石，石材镶边，形成特别的里昂广场形象，喷泉和水池是广场的元素，见图 3-2-1[9]。

a)住宅区的城市花园一　　　　　b)共和国大街步行道　　　　　c)住宅区的城市花园二

图 3-2-1　里昂的城市空间设计

图 3-3-1　埃斯林根市地形

3.3　制定步行线路

1）埃斯林根

埃斯林根（Esslingen）位于斯图加特东南方的内卡河谷的一个狭窄处。埃斯林根市的领土总面积为 4643 公顷，其中的 1193 公顷是高地森林，内卡河从东南方向向西北方向横贯城市地区，整个城市依山傍水，见图 3-3-1。

埃斯林根市通过制定步行交通线路图来推

广步行交通运动,唤醒公众对步行交通的兴趣,提高步行交通在交通总额中的比例,使城市生活更有朝气,增加公共空间中市民间的交往,使居民少受汽车尾气和噪声的干扰。

最早产生这个想法是在 20 世纪 90 年代初,埃斯根林市为制定新交通发展规划做调研时意识到,要实现城市交通更为人性化的目标,只有通过改变所有人的交通行为意识。埃斯根林城市规划局和城市测绘局共同发起了推广步行交通的运动,该运动的重要组成部分是制作一张整个城市区域内的步行者地图。这个运动赢得了巴登-符腾堡州政府和广大市民的支持与参与。

图 3-3-2　山地丘陵城市——奥克兰

2)奥克兰

奥克兰位于新西兰北岛的西北岸,城市是由古老火山喷发所形成的,所以地形相当多变,沿山坡而建的奥克兰市区,市内高低起伏甚大,属于典型的山地城市,见图 3-3-2。

奥克兰开展了广泛的步行系统规划,确定了全市范围各种步行线路标准和线路网络,连接了学校、交通集散点、人流集散地、公园、商业区、历史街区等,依据不同类型的步行线路制定相应的步道规划标准,构建由不同等级的步道组成的行人路线网络,见图 3-3-3。

图 3-3-3　奥克兰行人路线网络

3.4　改善步行环境,鼓励公交出行

1)斯特拉斯堡

斯特拉斯堡市西部为孚日山脉(Vosges),东面 25 公里处就是德国黑森林,北侧为阿格诺森林(Forêt d'Haguenau),属于山地城市范畴。

位于莱茵河畔的斯特拉斯堡市于 1989 年开始进行一项城市交通改革计划:给予步行、自行车和公共交通优先权,减少市中心的机动交通。具体措施是:修建一条环城公路分流过境车流,封闭市中心的大部分过境交通道路;修建城市地面轻轨系统,并沿轻轨线路走向规划带状公共空间,重建广场、重铺街道、装饰绿化,改善步行和自行车通行环境;完全封闭几条街道的汽车交通,只允许轻轨、自行车和行人通行,见图 3-4-1[9]。

a)沿轨道开发带状公共空间　　　　　　　　　b)与步行良好接驳的轻轨站点

图 3-4-1　斯特拉斯堡轻轨穿越的步行街区

2）弗赖堡

位于德国西南边陲的弗赖堡市森林类型繁多，城市相对高度差近 1 千米，地形复杂多样。作为绿色城市的典范，弗赖堡数十年来一直致力于改善行人、骑车人和公共交通的条件，逐渐将汽车交通移出城市中心外围环路，在市中心使用轻轨电车、自行车、步行交通出行方式。1968 年，在市政厅和大教堂周围建立了第一批没有汽车的街道和步行广场，1973 年，又陆续建成了大型的相互联系的人行区域，几乎包括了整个老城中心。弗赖堡市制定了全面的政策来加强步行交通、自行车及公共交通，市中心基本实现了"无车生活"。

市中区的街道和广场由小水渠系统和深色石头所装饰的人行道这两种独特的视觉元素联成一体。整座城市的空间被穿过街道的流水有机地联系起来，增加了城市的乐感和动感，在许多街道中它还起着隔离人行道和轻轨的作用，也给小孩儿提供了游玩场所。另外，在所有的街道上都铺上了天然的石头，大面积地面铺上了花岗石石块，沿建筑立面的人行道上铺设了当地深色小块石头，人行道上还有一些统一规范的圆形路标，告诉人们这条街都有哪些商店，铺设成本由街道两旁的商家支付。

弗赖堡市中心之所以如此诱人，是因为对市中心古老、狭窄而弯曲的街道网络的小心翼翼地修复，并成功地应用了水渠和碎石铺路两个独特的城市传统。这些元素都来自于这个城市自身的历史，现在，它们得到了新的诠释和使用，见图 3-4-2～图 3-4-5[9]。

图 3-4-2　弗赖堡市中心的水渠网络系统

图 3-4-3 水渠分隔了行人和地面轨道

图 3-4-4 水渠提供玩耍和休憩空间

3）波特兰

在美国波特兰这个丘陵城市，行人与公共交通被赋予了高度的优先权，通过宽阔的步道、良好的公共空间和公园，为行人提供宽阔的行走、停留及休息场所，并能方便、安全地穿过交叉口，交通信号配时是根据行人速度，而非车辆速度设计。

波特兰的《中心城市规划基础设计指南 1990》为公共空间政策确定了宗旨，为衡量城市空间设计的质量制定了明确的准则。该指南有三部分。

第一部分是城市特色：城市街区较短，就会有更多的光及空气进入市中心，为行人提供更多的可行路线，保留波特兰街道和广场特别宽敞的空间布局，空间设计要符合人的需求，支持咖啡座和其他一切形式的室外城市生活，为人们提供都市休闲活动的机会和观景的场所。

图 3-4-5 沿街的碎石人行道及标志

第二部分是步行者优先权：包括城市步行环境的七条准则，为行人创造高质量的整体环境，从如何创造人们喜爱的舒适环境以确保公共空间的合理利用的基本要求，到提供良好采光的详细规范等内容，确保城市空间的高品质，宜人又安全，并与其他步行区的紧密联系；同时，详细说明了人行道的功能分区、沿街雕塑、绿地、小品、步行区、建筑立面设计、橱窗观光区、步行环保设施、安全过街设施、无障碍设计等。

第三部分是为保证建筑质量而提出的关于方案设计的十条标准，涉及建筑与室外空间的关系，重点针对建筑室内外公共空间的合理过渡。例如，邻近公园和广场的建筑必须能适应室外活动，形成活跃的边缘地区；而拐角处的建筑设计应考虑拐角处入口与活跃人流相协调。北美许多城市尽量避免采用人行天桥和其他形式的高架桥，多采取平面过街形式，不得已时应尽可能保持视线通透和连续性，桥下的空间应确保行人的畅通，见图 3-4-6[9]。

4）斯洛文尼亚 Velenje 步行区

Velenje 城镇位于斯洛文尼亚，Velenje 步行区应用 20 世纪 50 年代最先进的"花园城市"

理念建设,它在当时拥有斯洛文尼亚独一无二的城市空间形态。Velenje 的 Promenada 广场处于城市中心的主轴线,作为重要的城市公共空间和交通空间,见图 3-4-7。

图 3-4-6　波特兰人行道

图 3-4-7　Velenje 城市中心步行区

随着时间的推移,小镇逐渐开始衰败,为遏制其衰败,首先改造 Velenje 城市中心步行区 Promenada 广场,振兴城镇,打通封闭的交通模式,提供更多的公共空间给人流,挖掘花园城镇的原始特色,减少广场表面特定交通空间的冗余,融合"更多的绿色空间"和"更多的表演空间"。

Promenada 广场原有的步行街是由有着近 30 年历史的交通干道封闭改造形成。尽管经过了重新铺砌,但道路形态并没有得到彻底的改变,道路过于宽敞,仍然保留着之前交通干道的特点,并且由于街道两旁缺乏引人驻足的内容而显得十分沉闷,没有为外出散步的人增添任何乐趣。通过改造,一条宽敞笔直的道路将场地的起点和终点连接起来,场地被分割成一系列由弯曲狭窄的通道相连的微型空间。同时,Velenje 打造滨水步道项目,道路与河道交织,两者相互碰撞变成一个"滨河戏水休闲景观带+滨河剧场"。帕卡河是一条季节性河流,在一年的某些时段当中,它的河道会明显向外扩张,而在其余的时段河水又很浅。河水虽然湍急,但水位在一年中大部分时间是稳定的,建筑师通过灵活的阶梯式空间适应河流,营造出精彩的公共空间。

3.5　新加坡:完整的城市步行系统

新加坡国土面积狭小,人口众多,城市规划和空间布局合理,通过先进的城市发展指导理念和成熟的城市规划技术,保障了步行者舒适、便捷、多样化的优质步行环境和功能,鼓励城市居民选择"步行+公共交通"出行方式,有效缓解了机动化时代下的种种城市交通问题,充分考虑了作为出行者本身的"人"的体验。

新加坡根据城市不同区域的功能和特点,将其分为组屋住宅区、商务区、交通综合体、休闲滨水区四部分,根据城市地形和区域发展,因地制宜地规划设计了地下、地面、空中的三维立体步行体系,形成了五个城市步行子系统,通过城市道路人行道进行衔接,建立了一个完整的城市步行系统,为步行者提供了连续、有序、舒适的步行环境,充分利用先进城市步行系统带来的良好体验,打造以步行体验为主的旅游产业,既促进了城市经济发展,又提升了国家形象和民俗文化风貌。新加坡城市步行系统特点是[48]:

1)优质连续的组屋步行连廊系统

组屋是新加坡的公共房屋,容纳了 85% 的新加坡人居住。新加坡组屋以组团形式集中建设,沿街不设置商业,而按步行尺度设置邻里中心,为城市居民的日常生活、商业需求服务,居民日常公共活动也通过独立的步行系统从组屋到达邻里中心,工作出行也通过与之良好衔接的独立步行系统与公交车站、轨道交通站、多层停车场连通。组屋住宅区内的步行交通以组屋电梯口、邻里中心、停车楼和公交站等为点,以组屋底层架空区和步行连廊为线,形成组屋区优质、系统、独立的步行系统。

新加坡组屋实行开放式管理,底层一般为全架空区,作为单一的步行空间。每一幢组屋单元之间的步行连廊通道直接连接,组屋之间或者是主要步行端点间通过有盖连廊(Linkway)进行连接,一方面保证了住宅区内步行流线的独立空间和安全;另一方面,可以遮挡风雨和避免太阳直射,增强抵抗恶劣天气的能力,并形成一个全天候服务的独立步行环境。新加坡新建的组屋停车楼顶或住宅屋顶一般会设置屋顶花园,屋顶花园与底层架空空间作为步行系统中的停驻空间和游憩空间,并且设置有各种娱乐设施、儿童游乐设施以及供学生学习的场所,组屋居民可以通过这些相互联系的步行连廊便捷到达,见图3-5-1。

2)舒适便捷的商务区步道系统

在新加坡商务区步行时,至少有城市道路人行道、一层骑楼步行、二层天桥步行、地下通道步行四套步行系统中的两套可供选择。在新加坡滨海湾地区,同时规划建设有完整的四套系统。

地下通道步行主要是基于轨道交通车站设置,利用地下步行通道将主要的商业、办公等公共建筑连接起来。地下通道在建设之前,城市规划部门会对地下通道两侧的商业面积规模、位置等提出具体要求,总体原则是以公众步行为先,辅以少量商业满足居民的需求。二层天桥步行主要是将各幢公寓的二层通过人行天桥连接起来,其中每幢公寓需要为公共空间贡献二层的一部分建筑面积,使天桥步行形成系统。人行天桥横跨城市道路,或为纯步行交通空间,或在两侧设置商业。而设置商业的天桥,其层数有时随商业层数而设,即商业有几层,天桥就设置几层。例如滨海湾购物中心将文华大酒店、泛太平洋酒店等几个酒店的裙房通过天桥连接起来,形成大尺度、大规模的购物中心,见图3-5-2。

图 3-5-1　新加坡组屋花园步行连廊

图 3-5-2　新加坡商务区步行通道

3)集约紧凑的交通综合体步行换乘系统

新加坡土地资源紧张,为了推进土地资源的集约化利用,规划管理部门将住宅、商业、轨道交通车站、公交枢纽整合在一起,形成了多功能的交通综合体。交通综合体内的换乘系统具有通道和连廊两种连接方式。轨道交通与公交枢纽之间的换乘一般通过穿越枢纽内商业区的步行通道来实现。交通枢纽与组屋之间的步行一般采用有盖连廊连接,连廊的连续设置一定程度上限定了人们的行走方向,减少了出行记忆负担。在连廊所在区域,步行优先级最高,当与车行道路相交时,若无信号灯,机动车应礼让行人,以确保公众的步行交通安全。此外,商务区步行通道系统还配套设置了步行者休息的设施,避免居民在长时间走动过程或候车过程中出现疲劳而找不到休息的场所。

   4)舒适惬意的滨水区步行休闲系统

   新加坡由于地理因素,整个城市较为缺水,于是建造了多个汇水水库,以这些水库为基础,建造为公共服务的大型滨水公园;以河道为基础,设置与这些公园相连的步行连接道,配套设置为公众提供休息、游乐的设施,形成滨水步道。在滨水步道当中,对步行者和机动车的出行空间进行了明确划分,非机动车也可以通行,滨水步道与机动车道相交叉时,采用立体交叉的形式,保障了步道的独立和安全。滨水步道的建设,大大提升了城市景观和居民的生活环境水平,创造了优质的慢行交通空间,提升了新加坡城市居民出行的愉悦性,成为公众休闲、健身、游玩的精彩公共空间,见图3-5-3。

图 3-5-3 舒适的滨水休闲步道

   5)安全连续的城市道路步行系统

   新加坡城市道路步行系统由各级各类城市道路人行道、人行横道和人行天桥等组成。新加坡沿街建筑设有骑楼,居民沿街步行至少有人行道和骑楼两种选择。人行道紧邻机动车道,受日晒雨淋、噪声、废气等影响,舒适度不及骑楼、地下、二层等其他层面的步行系统,公众较少选择。因此,新加坡城市道路人行道的人流量很小,其通行能力也较小,一般仅允许两人并排通行,但人行道与车行道之间则设置了较宽的绿化带,交通标志标牌和广告牌很少,步行尺度和环境宜人。

   新加坡交通规则是左侧通行,人行横道的交通组织方式有两种。在信号控制交叉口,行人过街处无斑马线,仅施划两条实线或者虚线作为人行空间,当绿灯启亮时,行人可安全过街。在无信号控制路段或交叉口的左转与行人冲突处,大多划有斑马线,保证行人过街通行的绝对优先权,机动车必须停车让行。新加坡的所有交叉口几乎都设置有行人过街按钮,行人过街时需要主动按下过街按钮,此时信号控制系统会自动合理分配行人过街信号与机动车信号;在没有行人按动时,机动车可一直通行,减少机动车行驶延误。在设置有中央分隔带的城市道路,一般都建有行人过街天桥,如果附近有组屋,人行天桥还可以通过连廊与组屋连接。

3.6 滨水空间的建设

   1)多伦多城市滨水地区

   这是历史发展过程中转型成功的案例。多伦多坐落在安大略湖(Lake Ontario)的西北面,是加拿大最大的城市和金融中心。多伦多的城区分布在安大略湖的沿岸,由于城市的不断发展,城区范围逐步从安大略湖的西北面扩大到湖的西面。在 20 世纪 90 年代,多伦多在居住和工作环境两个方面都被列为世界十佳城市之一。多伦多的湖滨地区由于高楼林立而成为世界上最具有都市风格的滨水地区。1972年,多伦多制订了一个滨水地区的发展战略规划,包括湖滨地区开发的内容、时序和经济可行性,因此,多伦多市政府兴建了多个大型公共建筑,以多功能开发的方式来适应城市综合发展的需要。从20世纪80年代中期开始,私人开发资金注入滨水地区的一系列开发项目,主要建造高层住宅和商业办公楼,并已建成住宅1200套,商业办公楼25万平方米。由于多伦多公众认为这些高层建筑影响滨水地区的风貌,整个项目就于20世纪90年代终止,原计划中的高层地区改为绿地。2002年,多伦多将中央滨水地区作为开发重点,由市政当局和滨水开发公司发起,邀请了6组从本国、美国及欧洲来的设计小组对中央滨水地区进行设计,以塑造该地区独特的滨水空间,从而为该地区的成功开发打下良好基础,见图3-6-1。

图3-6-1 加拿大多伦多滨水公园步道

多伦多中央滨水地区沿安大略湖滨有10公里长,分为6个区域:东部湖湾区(East Bayfront)、堂河口区(Mouth of the Don River)、东部港区(East Harbour)、北部船道区(North Channel)、创新区(District for Creation and Innovation)及樱桃沙滩区(Cherry Bearch)。中央滨水地区最终提供4万个居住单元,以及得到改善的公园、公共开敞空间和娱乐设施。

2)美国丹佛市普拉特中央谷地规划

丹佛市普拉特中央谷地规划是滨水地区持续开发成果的实例。普拉特河是穿越丹佛市中心的一条河流,其滨河地区曾是整个城市的交通中心。随着城市的发展和中心的转移,普拉特中央谷地(Central Platte Valley,CPV)的功能和用地也发生了巨大的改变。如何开发滨水地区的土地,重新唤起这一地区的活力,并使其发展成为城市休闲娱乐、交通换乘的中心,同时又具有独到的城市特色和可标识性,是这一地区规划发展的关键。

首先在整个规划中体现了广泛参与性,参与人员不仅有专业的规划人员,还吸引了社会各界、各阶层的人参与到规划的决策中来,并将规划、交通、水利等各个部门进行了很好的协调。

其次对不同功能分区进行不同的景观规划。建立区域性的开放空间体系;形成一个综合的网络系统,连接谷地内及周边地区;为当地工作的人、居民、参观者提供赏心悦目、有活力的环境;建立从中心商业区及次商业区到滨水地区的通道。公共开放空间的设计是一个完整的系统,包括大、中、小型的环境设计,每一个环境设计都满足城市环境的不同要求。大型环境设计中最主要的是大众公园,即河边的一片开敞的草地,足以容纳大型节日活动。中型环境设计如沿切里克里克和河道的开放空间,提供了一个连续的穿过谷地的绿带,与自然环境建立了有机联系,成为谷地中各个点之间步行的纽带。与建成区结合的小广场被布置在一些用地的尽端,向人们提供了活动场地,形成小而亲切的宜人空间,见图3-6-2。

图3-6-2 宜人的丹佛滨水空间

对机动车、非机动车、步行系统等交通方式做了不同的交通组织规划;在河谷的中心地区建立多种交通方式换乘中心;建立 CPV 地区内部的机动车交通体系与通往商业区的通道,以及轻轨交通连接;把次商业中心的道路网络延伸到北部的谷地地区。在 CPV 的开发规划中,考虑了铁路、公共汽车和非机动车等多种交通方式及它们之间的有机联系。对沿南普拉特河绿带和切里克里克自行车线路进行补充规划,在河谷内形成纵横交错的自行车网络。在这个交通网络中,许多的线路都与机动交通相分离,但是由于可达性的需求,也常与机动车混合利用街道。这里的步行系统并不是一个附属系统,而是一个独立的系统,使它能为 CPV 地区的人们提供步行选择。因为公园及其他的开放空间总能提供最舒适的步行环境,步行线路与开放空间体系紧密地结合,使它们具有更高的安全性及方便性[49]。

3.7 其他城市

1) 美国明尼阿波利斯市空中步道系统

美国明尼阿波利斯市的步道系统是空中构筑步行系统的典型个案。该规划建设始于1962 年,20 世纪 70 年代初具规模,80 年代的中心区空中步道系统已成为中心区步行交通的主要元素。步道系统采用了连续的人行天桥将各个建筑物连接起来,不仅改善了寒冷气候对人们出行的影响,还起到了整体连接区内主要公共空间的作用。20 世纪 90 年代以后,空中步道系统的建设发展日渐成熟,2000 年以后基本停止建设。明尼阿波利斯市的空中步道系统使得曾经一度不如大型郊区购物中心有吸引力的城市中心区得以复兴。位于城市中心的 Nicollet Mall 步行街的双层空中连廊,更是加强了城市中心区的活力,也使其更适于冬季活动。目前,明尼阿波利斯市的空中连廊系统已经成为吸引全世界游客的一大城市特色。

明尼阿波利斯市的空中连廊自兴建以来,整体系统的形态由树状、星状向栅格网状不断演化,空中连廊通常分为天桥(Bridges)与室内通道(Corridor)两个部分,天桥下方道路红线宽度一般不超过 30 米,室内通道的路径连接十分清晰、有序。二层空中连廊通过电梯、自动扶梯、滚梯等与地面层室外人行道直接相连,且出入口、坡道与标识系统的无障碍设计全部满足美国残疾人法案(Americans Disabilities Act, ADT)的各项要求,见图 3-7-1、图 3-7-2[50]。

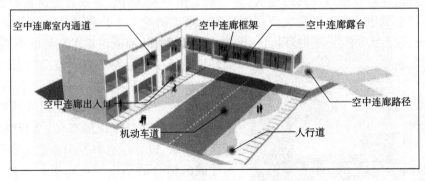

图 3-7-1　美国明尼阿波利斯市空中连廊示意图

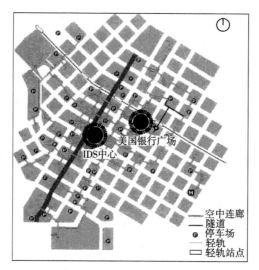

图 3-7-2 美国明尼阿波利斯市空中连廊建设平面示意图

2）日本"两公园+1 新城"城市绿道网络

日本的城市绿道网络规划建设也是世界上开展得较为完善的城市步道建设项目，通过"两公园+1 新城"，布设环境生态友好、将自然与城市步行交通紧密结合的步道，对山地城市的步道规划具有较好的启示意义。

名古屋政府在进行复兴名古屋街市工作时，在其市中心规划了宽 100 米、长 2 公里的道路，建造了占地 11.18 公顷包括北部自然公园、中部中央公园、南部大型活动区三部分的大通公园。其中，北部自然公园原有自然景观资源条件较好，充满着各种树木和花卉的点缀，为城市居民提供了良好的亲近大自然的窗口。中部中央公园包括名古屋电视塔、世纪人桥、河公园以及洛杉矶广场，是城市中心区的主要象征。南部大型活动区建造了功能多样、设施齐全的大型广场，辅之以特色景观设计和人际交往空间，成为居民休闲、游憩的重要场所，也改善了城市中心的公共环境，见图 3-7-3。

图 3-7-3 大通公园鸟瞰图

札幌大通公园是面积 7.89 公顷的长约 1.5 公里、宽约 100 米的带状绿地，公园内草坪、树木、喷泉等景观搭配协调，素有札幌心脏之称。公园绿道规划建设相当注重与机动车相交叉的节点处理,充分协调了人车之间的冲突;利用电视塔作为地标,并以此为依托打造观景平台,对公众有着较强的吸引力;在绿道空间中安排着大量的公共活动,增加了公众的步行流动与人际交往。

"1 新城"则为横滨港北新城社区级绿道,是日本建设新型花园城市的产物。港北新城作为 21 世纪横滨市副中心开发,规划人口规模 30 万,其绿道网络规划建设具有三个特征:第一,港北新城划出了专用受保护的农业用地,将农业和生产绿地作为城市的景观来打造;第二,在林地和公园之间规划了 5 条不同的绿道,长度 14.5 公里,宽度则为 10~100 米,绿道的布局上进行有机连接、互相连通,形成一个完善的绿道网络系统;第三,住区内的道路尝试了"人车混行"的方法,将以前 3 米宽的人行道和 6 米宽的车行道进行整合,通过道路线形对车速进行控制,结合完善的绿化形成美观和谐的绿色空间[51]。

日本城市绿道网络规划建设借鉴经验是:规划管理主体尤其注重城市公众的参与,广泛认真听取群众的意见,采取先"自上而下",接受民众反馈意见后又形成"自下而上"的回馈,顾及城市发展和公众需求的一致性,利于形成良性而又实际有效的规划。同时,其城市中心区的绿道建设与周围土地利用进行协调考虑,居住区绿道则考虑与邻近公园的连接,也作为城市市民步行和自行车交通出行的道路。

3.8 国外城市实践经验总结

1)欧美国家喜阳的特点

欧美人特别喜爱阳光,喜欢到有太阳的户外空间休息、聊天、喝咖啡,也偏爱到海边或河边晒太阳、看书、聚会,这些特点决定了他们在城市空间方面喜欢与户外空间接触,在设计步道的时候更喜欢广场这种手段;而亚洲城市多雨,人们不习惯在太阳下暴晒,常有带遮挡物的天桥、尽量将步道设置在建筑物内等形式。

2)政策上保证可实施性

(1)公交和步行优先政策。

(2)成立专门的公共空间政策办公室负责城市设计。

(3)多部门、公众参与规划。

3)设计上注重细节

(1)体现城市地理特点和人文特色。

(2)依据城市区域不同功能进行规划。

(3)重视对滨水地区公共空间的建设,结合城市自身特色打造滨水休闲空间。

(4)步行连续、便捷,易于与车道隔离区分。

(5)集步行交通、休憩、游玩于一体的综合功能,成为人们交流的场所。

(6)注重细节和品质,如无障碍设施、小品的设置、街道家具颜色的搭配、地面颜色的选择、与周边建筑的协调等,十分注重细节的处理。

(7)制定规范标准统一设计。

4)国外步行商业步行街规划经验

(1)定位准确、规模适度、面向各类消费对象。

（2）选址合理、策略恰当、依托传统繁华商区。

（3）交通便利、流线合理，人流、车流可达性强。

（4）理念先进、舒适安全、重视顾客行为心理。

（5）弘扬文化、尊重传统、营造和谐的社会场所。

（6）业态合理、特色鲜明、街区空间魅力十足。

（7）公众参与、业界合作、商区城市和谐共荣。

（8）科学管理、技术先进、持续提升整体效应。

第4章　国内城市步道规划实践经验

在 20 世纪 80 年代,我国各大城市在经济发展过程中,有不少城市结合中心区改造开始规划建设步行系统,从直辖市到县级市都致力于规划建设适合本地特色的步道。大量城市步道给市民和游客提供了环境优美、休闲舒适、购物方便的条件,已成为城市靓丽的风景线。这些城市中,香港、贵阳、兰州等山地城市步道是很好的范例。

4.1　香港:完整的步道系统

1) 架空步道系统

从 20 世纪 60 年代开始,香港开始注重人行设施规划,先后修建了近 200 个人行天桥和地道,虽在一定程度上缓解了城市交通的压力,但是相互孤立的人行天桥与地道,没能形成完善的步行体系,不能从根本上解决机动车和人流相互干扰的问题。为此,在公共汽车站和地铁站的连接点、车辆进出的轮渡码头、新建的政府屋村等交通集散地,用架空的步道直接连通商业楼群和学校的主要出入口。这些架空步道将散布于各处的过街天桥串联成一个有机的整体,形成系统化的架空步道体系。这不仅有效地疏导了人流,又使人群不必跨越繁忙的城市街道就可直接进入楼层,方便市民出行,保证城市交通的安全顺畅。1993 年,香港建成了一条全长达 1180 米的架空步道,结合自动扶梯跨越几个街区,连接了各类建筑。香港的架空步道系统已融入城市之中,成为具有多种功能的"空中街市"特色,见图 4-1-1 ~ 图 4-1-3。

图 4-1-1　1180 米架空步道系统

图 4-1-2　中环步道俯视图

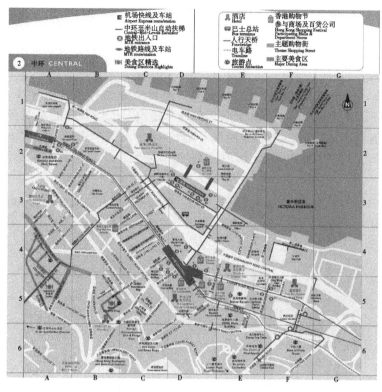

图 4-1-3 香港中环步行规划图则

扫码看彩图

2) 长途远足步道

香港是典型的山地城市,全港许多郊野公园为香港居民和游客提供了绚丽的海山风光。为方便游览这些郊野公园、欣赏城市和自然风景、近距离观察野生动植物、促进身心健康,特区政府规划建设了一系列的贯穿于各郊野公园中的步道路线。根据类型、长度和难度等特点的不同,这些步道路线被分为长途远足径、郊游径、家乐径、树木研习径、自然教育径、地质步道、野外定向径、健身径、缓跑径等,其中最著名的是四条长途远足径(步道),相关步道路线图可参见香港特别行政区旅游发展局网站。

(1)麦理浩径,全长约 100 公里,共分 10 段,于 1979 年 10 月 26 日正式启用,是香港最早且最长的长途远足径。该步道起于西贡,终于屯门,贯穿全港八个郊野公园,横跨整个新界东西及九龙北部。

(2)卫奕信径,全长 78 公里,共分 10 段,于 1996 年正式启用。该步道起于赤柱峡道,终于南涌,途经港岛九龙和新界,贯穿全港八个郊野公园。

(3)凤凰径,全长 70 公里,共分 12 段,贯穿大屿山两个郊野公园,于 1984 年 12 月 4 日正式启用。该步道起于梅窝,终于梅窝,途经香港第二高峰凤凰山、第三高峰大东山。

(4)港岛径,全长 50 公里,共分 8 段,贯穿港岛 5 个郊野公园,全部路段均在港岛,于 1985 年启用。该步道起于炉峰峡(即俗称太平山顶),终于香港岛的大浪湾。

3) 其他特色步道

炉峰自然步道(The Preak Trall)。香港太平山顶海拔 554 米,是香港岛最高的山峰,也是香港的地标,山上古木参天,流水淙淙,空气清新,鸟语花香,环绕山坡修了一条平缓的步道,名叫"炉峰自然步道"或"环廻步行径",由卢吉道和夏力道组成了绕山一圈的步道,全长3.5公里,见图4-1-4。该步道设置了安全护栏、观景点、路灯、紧急求助热线电话,不仅可以从不同角度眺望港岛风光,而且随处体现着人文关怀。

半山扶梯+步道系统。中环至半山的扶梯,是世界上最长的室外有盖自动扶梯,全长800米,垂直差距为135米,由有盖行人步道和天桥、20条可转换上下行方向的单向自动扶手电梯和3条自动行人道组成。该系统由连接中区行人天桥系统的恒生银行总行大厦为起点,经中环街市,沿阁麟街、荷李活道、些利街、摩罗庙交加街、罗便臣道直至终点干德道,见图4-1-5。

图 4-1-4　炉峰自然步道

图 4-1-5　香港半山扶梯

4.2　贵阳:紧扣山城特色的步行系统

2012 年 9 月,《贵阳市城市总体规划(2009—2020 年)》在金阳规划展览馆进行了公告,其中城市步行系统的规划原则如下:

(1)结合城市内部的南明河、贯城河、市溪河、鱼梁河等河流打造滨水景观步行空间,结合城市山体公园打造运动休闲步行空间。

(2)建设完善主次干道、支路上的步道、人行过街等步行设施,满足行人的安全性、舒适性需求,形成联系城市居住区、商业区、学校和公园等功能和空间的步行网络系统。

(3)以 800 米×800 米的围合尺度,将城市步行系统划分为多个相对独立步行街区,并配套公厕、零售、娱乐、健身服务设施。

2016 年,贵阳花果园片区耗资 2 亿,打造了 24 公里长的立体步行连廊通道,将花果园各个区域连接起来,利用空中步行连廊将各大办公楼、购物中心、公交站点和其他活动场所连通,形成全天候、安全、便捷、舒适的步道,提高市民的出行效率和愉悦性,见图4-2-1。

贵阳市作为全国首个健身步道试验区,规划 2018 年前建设总里程约 70 公里不同功能的步道。其中,观山湖公园塑胶健身步道全长近 10 公里;花溪十里河滩城市人造鹅卵石健身步道约 6 公里;南明河城市亲水步道的线路走向为凤凰湾至团坡桥,约 13 公里;城

图 4-2-1 花果园 24 公里空中步行连廊效果图

市风貌步道的线路走向为遵义路至中华路,约 9 公里;城市购物休闲步道的线路走向为大十字—市西路—黔灵山公园,约 3 公里;交通集散步道的线路走向为筑城广场—合群路—安云路—黔灵山公园,约 7 公里;城市历史文化步道的线路走向为甲秀楼—文昌阁—阳明祠,约 5 公里;城市湿地步道的线路走向为小车河湿地公园—解放西路,约 6 公里;城市生态休闲步道和城市社区绿色慢行道的线路走向为黔春路至黔灵湖、未来方舟、新添大道,约 7 公里。

4.3 兰州:健身步道

兰州市是黄河唯一穿城而过的省会城市,"两山夹峙一河中流"的城市风貌限制了城市空间的拓展。在兰州,适合市民健身的公益性场馆并不多,近年来,随着市民健身需求的不断增加,健身场地问题便凸现出来。对此,市政府责成市体育局拿出计划,解决市民健身难的问题。随后,一批公益性的健身场馆(地)应运而生,其中几条健身步道的建成与开放更是让市民得到了实惠。

兰州市地形狭长,南北两山空气清新,负氧离子含量高,是市民休闲健身的理想之地。利用有利地形打造适宜市民步行的健身步道成为全市上下的共同关注点,经科学规划论证后,南北两山"绿色有氧运动带"工程开始建设,见图 4-3-1。

除了健身步道,各县区体育公园的建设也成为另一项利民工程。各县区体育公园的建设要求也是利用公共用地,结合当地的公园,形成健身地带,并免费向市民开放,满足市民的健身需求。目前,兰州市的主要健身步道分布情况如下(含规划步道):

兰州兰山健身步道。该步道起点在五泉山公园内西侧,终点止于二台阁附近的兰山公路,于 2011 年建成投入使用。

安宁滨河绿色健身步道。该步道东起消防特勤大队、西至银滩大桥的黄河滩,总长 5 公里,2013 年建成投入使用。

兰州雁滩公园健身步道。该步道为雁滩公园环湖健身步道,全长约 2 公里,步道路面材质为舒适性好、振动吸收强、耐磨性优及防滑防摔的硅 PU,市民在上面健步锻炼将更安全和舒适;路面呈鲜亮的棕红色,画有各种运动图案和标识,对每 100 米的距离进行了标示,非常人性化,2016 年建成投入使用,见图 4-3-2。

图 4-3-1　兰山健身步道的建设　　　　　　　　图 4-3-2　兰州雁滩公园健身步道

　　兰州黄河风情线健身步道。兰州市政府在黄河风情线的河滩地和湿地上,规划建设长58.6公里的绿色健身步道,为市民提供健身、休闲、观光、低碳出行的富氧健身场所。该步道分三期进行建设,一期工程从小西湖黄河大桥至雁滩黄河大桥,总长14公里;二期工程从小西湖黄河大桥至银滩黄河大桥,总长17.4公里;三期工程从银滩黄河大桥至西沙黄河大桥,总长27.2公里。该步道通过在河滩地和湿地上规划建设生态自然、环境清幽、临河亲水的健身景观线建设,进行滩涂地绿化与美化、水质净化,不仅可以为市民提供健身、休闲的最佳场所,而且也可以改善目前河滩上的脏乱景象。其中,老干部活动中心至西游记雕塑、市民广场、绿色公园段现有人行步道已改造约6公里长的健身塑胶跑道,2016年建成投入使用。

4.4　珠海:轴线式慢行交通规划

　　珠海市慢行交通规划的慢行系统结构是沿慢行社区发展轴、滨海景观发展轴、城市山体发展轴及沿道路发展轴四轴发展。

　　(1)慢行社区发展轴是以新兴建的广珠城际快速轨道交通线路站点为依托,在站点周边500~750米范围内发展的慢行社区。

　　(2)滨海景观发展轴是以沿海的景观元素为基础毗连而成。

　　(3)城市山体发展轴是以板障山为依托,发展休闲步道,并在山体周围形成慢行圈。

　　(4)沿道路发展轴主要针对唐家湾和南湾城区,沿区域内快速路附近公共建筑较为集中的地区形成慢行圈。

　　珠海市慢行系统布局规划呈"七团四带"布局:"七团"即香洲慢行组团、吉大慢行组团、拱北慢行组团、前山慢行组团、新香洲慢行组团、唐家湾慢行组团以及南屏湾仔慢行组团;"四带"为滨海休闲带、山间步道带、沿河路滨水景观带和前山河滨水景观带。各组团内有若干个慢行圈,每个慢行圈一般存有一至两条商业轴线或者景观轴线,利用轴线结合周边的资源能够形成一定范围的慢行圈,慢行圈相对圈外的设施是独立的,而圈内的设施都存有内在联系[52]。

　　在珠海市的慢行交通规划当中,城市绿道规划成为一大特色与重点。珠海市现状规划绿道总里程达1096公里。2015年,珠海成功获得首批国家生态园林城市命名,全市绿道网总里程达到896公里(其中省立绿道249公里,城市绿道647公里),配套建设各级驿站48

个,公共目的地 60 个;规划 2016—2018 年累计建设绿道 200 公里。此外,充分利用城市山水资源、公园绿地,打造方便市民散步、跑步的专类步道 100 公里。

珠海特色步道如下:

野狸岛步道:野狸岛是珠海的城市岛屿风光公园,岛上现有 3.5 公里长的休闲环岛绿道和 2.7 公里长的登山步道,靓丽怡人的美景和较好的步行亲切性使野狸岛成为珠海市民与游客的休闲健身胜地,见图 4-4-1。

图 4-4-1 野狸岛环岛绿道

驿路文化线登山步道:将残损的长南径古道修缮,与新建的登山步道相连,起终点从凤凰山隧道北口到 UIC(北京师范大学—香港浸会大学联合国际学院)后面的正坑水库,规划建设总长 4.77 公里的香山(岐澳)古驿道(唐家湾段)步道。全线设置 8 个景观平台,平台上设置花岗岩座椅、标识牌、栏杆等设施。另外,在正坑水库景观节点,以及驿路文化线与长南径古道衔接处,布置两处驿亭,方便游客、市民休息。

4.5 广州:承载慢行交通的绿道模式

广州市全年高温多雨,地处东南丘陵,道路起伏坡度较大,天气条件和地形条件以及交通条件都不是自行车行驶的最佳环境,所以在道路系统中几乎没有设置单独的自行车道。目前,广州的绿道规划建设在国内处于领先地位,逐渐加强了对包括自行车在内的慢行交通建设的重视,并将慢行交通系统的建设融入了绿道的建设,取得了较为有效的成果。绿道是一种可以供行人和骑车人进入的绿色带状系统,根据功能不同主要分为生态型绿道、经济休闲型绿道、交通型绿道。2010 年,广州市编制了《广州市绿道系统规划》,根据规划在全市范围内建成了较为完善的绿道网络,目前广州市区的绿道路网密度达到 0.6 公里/平方公里。

广州市绿道规划的编制从区域绿道与城市绿道两个视角进行:

1)区域绿道

广州市依据《珠三角区域绿道网总体规划纲要》确定了 4 条区域绿道,广州范围内主线长度共 340 公里,见图 4-5-1。

(1)1 号绿道:西岸山海休闲绿道。以珠江水系为脉络,起于肇庆,经广州沙面—白鹅潭—海珠万亩果园—大学城—化龙湿地公园—莲花山景区—亚运村—海鸥岛—大虎岛,至中山—珠海。

(2)2 号绿道:东岸山海休闲绿道。以北部山林为主,起于广州流溪河国家森林公园,经从化温泉—帽峰山—天麓湖野郊公园,至东莞—深圳—惠州。

(3)3 号绿道:珠三角文化休闲绿道。以自然和人文景观为主,起于江门,经广州大夫山—滴水岩—余荫山房—莲花山景区,至东莞—惠州。

(4)4号绿道:广珠生态休闲绿道。以自然和人文景观为主,起于广州芙蓉嶂水源林保护区,至佛山—中山—珠海。

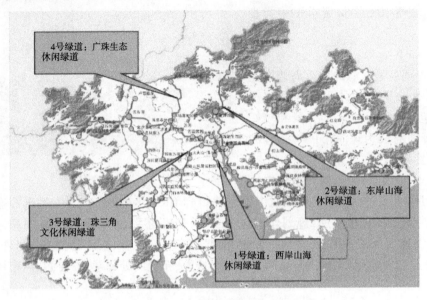

图 4-5-1　广州市的区域绿道示意图　　　　　扫码看彩图

图 4-5-2　承载慢行交通的绿道

2)城市绿道

广州城市绿道的规划与广州实际相结合,与区域绿道衔接,起补充与完善作用。城市绿道网络的规划选线也考虑到了与地铁站点的布局相结合,使得绿道网络覆盖 50 多个地铁站点,在地铁站周边配套了绿道驿站、公共自行车租赁点、指引信息服务栏等设施,促使绿道较好地融入了地铁短途接驳系统中。虽然最初旨在为游客的观光旅游提供便利,但实践中也为市民通过绿道接驳地铁的出行方式提供了条件[53],见图 4-5-2。

广州市城市绿道共 20 条,长度 395 公里,具体包括增城区城市绿道、海鸥岛城市绿道、白坭河城市绿道、广从路城市绿道、长洲岛城市绿道、龙头山城市绿道、大沙河城市绿道、环大坦沙城市绿道、浣花路城市绿道、萝岗区城市绿道、车陂涌城市绿道、东濠涌城市绿道、新城市中轴线城市绿道、珠江前航道北城市绿道、珠江前航道南城市绿道、珠江前航道西城市绿道、花地河城市绿道、海珠涌城市绿道、沙河涌城市绿道、猎德涌城市绿道。

4.6　国内步道系统发展的特征

1)国内步道规划仍处于初级发展阶段

由于近些年来我国私人小汽车的快速增长,城市交通日益拥挤,很多城市开始注意慢行交通的规划建设,但我国步道仍然处于初级发展水平,仍仅注重单一的商业步行街或步道的规划建设,没有从整个步行空间进行系统思考和规划,对各种步行设施的规划如步行街、步道的功能也未能系统分析,对相关的细节规划布置更显粗放。

2)国内城市步行交通的一般特点

(1)人口数量大,人口密度高,步行需求大。

(2)城市用地混合使用。

(3)公共空间少、使用强度高,缺乏大型节点空间。

(4)公共空间和私密空间的界限模糊。

3)发展方向

未来我国的步道系统将呈如下发展趋势:

系统性:更注重步行设施的系统性,由最基本的连续性向系统性转换,并重视各系统之间的衔接与便利。

多样性:从步道系统的多种功能入手,营造不同功能的步行空间,由单一的功能向多功能的公共空间转换。

细节性:对步行空间的各要素进行深入分析,注重各种设施如铺装地面、花坛的布置等对行人的影响,结合不同地区人的需求,提出不同的设置方法。

底蕴性:步行设施的布置与城市历史文脉相结合,体现城市的内涵和丰富的历史底蕴与文化。

政策性:制定相应的政策或规范,使各种相关规划能按此政策执行,保证规划的可实施性。

滨水空间:结合城市特色打造不同的滨水空间,对滨水空间按区域定位不同功能分别进行规划,重视公共空间的规划建设。

山体空间:山是城市的氧吧,建设山体步行系统可为市民提供健身休闲场所,步道不能千篇一律,应形式多变,以避免疲劳,并应提供休憩空间。

边界区域:不同功能地区的衔接区地带为边界区域,这些区域通常是人们聚集、交流的场所,如广场边缘、梯道边缘等,更应重视这些区域的人性化设计。

第5章 山地城市——重庆市主城区步道规划实践

重庆市主城区由两江(长江、嘉陵江)、四山(中梁山、缙云山、铜锣山、明月山)形成三个槽谷地带并加分隔的山地城市。城市空间结构为"一城五片(中部、北部、南部、西部、东部)、多中心组团式(21个组团)"。每个片区包含若干组团和功能区,以片区为格局有机组织城市人口和功能,各片区具有相当的人口规模,城市功能完善,既相对独立,又彼此联系、相互协调发展。中部片区为中梁山以东,铜锣山以西,长江和嘉陵江环抱的区域,包括渝中、大石杨、沙坪坝、大渡口四个组团;北部片区为嘉陵江、长江以北区域,包括观音桥、人和、礼嘉、悦来、空港、唐家沱、蔡家、水土、鱼嘴、龙兴十个组团;南部片区为铜锣山以西,长江以南和以东的区域,包括南坪、李家沱两个组团;西部片区为缙云山和中梁山之间的区域,包括西永、北碚、西彭三个组团;东部片区为铜锣山和明月山之间的区域,包括茶园、界石两个组团。

重庆是著名的山城,主城区的中梁山,缙云山、铜锣山、明月山最高海拔高度均在1000米左右,长江最低海拔高度仅140米左右。城市建成区海拔高度多在168~400米。两江环抱的渝中半岛是典型的低丘、台地地貌,整个半岛就是一个突起的山脊,朝天门海拔168米,解放碑地区平均海拔249米,枇杷山海拔340米,鹅岭海拔约400米,而这些落差都是在9平方公里的半岛上。因此,城市的高楼大厦错落起伏,道路迂回曲折[54]。

本章以最具代表性的山地城市——重庆主城区为研究对象,对重庆主城区步道系统做深刻剖析,分析重庆主城区的步道规划与实践。

5.1 重庆市主城区步行交通特征

1)城市机动化交通特征

重庆是我国长江上游地区唯一集水、陆、空交通资源的特大型城市,铁路、公路、水路、航空、管道五种运输方式齐全。截至2016年底,已建成"一枢纽八干线"的铁路网络,成渝高铁、渝万高铁、兰渝铁路已建成通车,铁路运营总里程达到1930公里;开通了重庆至上海、广州、深圳等沿海港口的货运五定班列和"渝新欧"国际货运班列,实现了铁海联运、国际直达。全市高速公路通车总里程达到2525公里,对外出口通道达到15个,基本实现了重庆市域内高速公路四小时通达的目标。全市航道总里程达到4451公里,"一干两支"、通江达海的航道体系基本建成。形成了"一大两小"机场格局;江北机场是国家区域枢纽机场,T3航站楼和第三跑道已建成投入使用,2016年旅客吞吐量约3600万人次。

重庆市主城区特殊的地形地貌使道路多为依山傍水自由走向,也是著名的桥都,过江桥梁与穿山隧道是城市内部交通的关键路段。居民交通出行基本依靠步行、城市公共交通(含轨道)、个体机动车,少量自行车交通。重庆主城区内公共交通形势丰富多样,包含公交汽车、轻轨、地铁、过江索道、缆车、扶梯、升降电梯以及过江轮渡等。截至 2016 年底,公交汽车线路 600 多条,日平均客运量逾 500 万人次;轨道交通运营线路有 4 条,车站 126 座、运营里程 213.3 公里,日均客运量约 200 万乘次。

2)城市步行交通特征

重庆市主城区城市高低错落、道路依山傍水、建筑沿街布设,斜坡上不乏一些吊足楼,路窄坡陡弯急,居民出行多要爬坡上坎,步行在居民出行方式中占很大比例,2002 年高达 62.7%。但随着机动化水平的提高,特别是小汽车进入家庭速度的加快,近些年来重庆市主城区步行交通分担率逐年下降,已从 2007 年的 50.39% 下降到 2014 年的 46.30%,详见表 5-1-1、图 5-1-1。

重庆市主城区步行交通方式与全方式分担率(%)　　　　　表 5-1-1

年　份	交 通 方 式				
	步行	公交(含轨道)	出租	小汽车	其他
2002	62.67	27.10	4.38	4.73	1.12
2007	50.39	35.09	5.09	8.15	1.28
2008	49.90	34.00	5.90	9.30	0.90
2009	49.70	33.00	6.70	11.5	0.80
2010	47.50	33.40	6.70	11.5	0.90
2014	46.30	32.60	4.80	13.9	2.40

数据来源:《2002 年重庆市主城区综合交通调查报告》《重庆市主城区交通发展年度报告》。

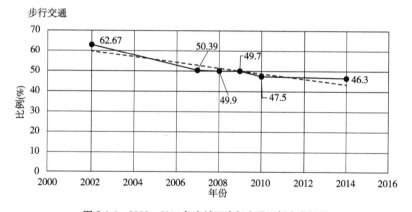

图 5-1-1　2002—2014 年主城区步行交通比例变化情况

5.2　主城区典型古代步道

在古代,山城步道是城市主要交通要道。随着手工业与商业的发展,到唐宋时期,山城步道不仅提供交通功能,同时集成了政治、商业、娱乐、公众交往功能,形成复合功能的步道体系。明清时期,重庆山城步道四通八达,并与城际官道连通,发挥着不可替代的作用。随着城市现代化建设的不断推进,重庆山城步道渐渐失去了往日的活力,湮没在城市建设扩张的浪潮中,被人们淡忘。表 5-2-1[55]列举了重庆山城步道由起源、全盛至萎缩的演变过程。

重庆山城步道的发展阶段 表 5-2-1

发展时期	具 体 表 现
起源期	重庆山城步道起源于江州(即今重庆)建立之时,当时的城市主要职能是政治和军事统治,因此这一时期的山城步道只具有基本的通行和运输功能
功能复合期	到蜀宋时期,渝州(即今重庆)由单一的政治、军事职能转变为一座兼交通、行政、军事和经济文化于一体的多功能城市。伴随唐朝里坊制的废除和沿街商业开放布局模式的形成,山城步道逐步进入功能复合时期,首次拥有了商业、娱乐等功能,这是山城步道发展过程中的一大转折点
全盛期	发展至明清时期,山城步道的复合功能在漫长历史发展过程中日益完善,可以说,这一时期的山城步道承载着整个城市的交通、商业等多种功能,此时的山城步道进入全盛发展时期
职能分化期	山城步道因道路狭窄、坡度较大等问题严重影响了城市的交通运输,重庆于 1928 年(民国 17 年)开始拆除城垣,首次进行车行道路的修建,此时的山城步道因逐步被宽大的车行道路所取代从而进入职能分化时期
职能缩减期	"重庆大轰炸"使得重庆这座城市满目疮痍。抗日战争胜利之后,整个城市百废待兴,亟需重新建设,这为车行道路的重新规划和建设带来了发展契机。此时,山城步道日益沦为城市的辅助交通职能从而进入职能缩减时期
萎缩时期	随着城市的不断发展和人口的快速增长,交通拥堵逐步成为重庆市区地少人多矛盾的主要表现形式之一。1996 年的《重庆市城市总体规划》中规划了环渝中半岛的滨江路用以缓解渝中半岛交通拥堵现状,但交通问题解决的同时也切断了山城步道与江河之间的联系,山城步道的景观因子逐步弱化。吸引力减小的山城步道人流量日益减少并渐渐被时代所遗忘,此时的山城步道进入了萎缩时期

现今重庆市主城区尚存的典型古代步道如下:

1) 成渝古道

唐宋时期,随着巴蜀地区经济的空前发展,成渝间形成了真正的陆路交通。盆地内官道私路纵横,水路陆路相间,成渝间的交流空前繁盛。当时最重要的两条干道,就是成渝北道(东小路)和成渝南道(东大路),统称为成渝古道。当时,北道是成渝间最主要的官方驿路。到了明代,大力发展官方驿路,巴蜀地区驿站林立,交通发展迅速,成渝驿路也由北南移,成渝南道变身为官方驿路。到了清代,南道继续延续官方古道的地位,北道也继续使用,成为商贾往来的重要通道。

成渝南道。也称成渝古驿道,即东大路,是古时四川盆地最重要的一条官道,从锦官驿直达朝天门,走向为:重庆通远门—佛图关—大坪七牌坊—石桥铺—二郎关—白市驿—走马铺—来凤驿—永川—荣昌—峰高驿—隆昌—安仁驿—内江—珠江驿—资中—简阳—龙泉驿—成都迎晖门,沿途共三街五驿五镇九铺七十二堂口(一个堂口为15里,堂口也称团防,即维护治安,保障出入安全的保安队),成渝古驿道全长1080里,通行了千百年,路上成天有快马、骡马队、轿子、滑竿、步行通行,常人步行耗时约半个月。随着岁月的流逝,成渝公路和成渝高速公路的建成使用,成渝古驿道日渐衰落,目前重庆主城区走马境内保存完好的古道尚存1000余米,渐渐失去往日的活力,见图5-2-1。

成渝北道。即东小路,走向为重庆通远门—佛图关—六店子—小龙坎—歌乐山三百梯—高店子—西永—虎溪—璧山—铜梁—安岳—乐至—简阳—龙泉驿—成都迎晖门。这条古道比"东大路"短了130公里,也自然成为成渝之间最便捷的通道。"东小路"在重庆市主城区的起点同样位于通远门,行至佛图关分道,经六店子、平顶山、小龙坎、杨公桥,然后翻越歌乐山。"三百梯"古道便是今天在歌乐山上保存完好的"东小路"的一段。歌乐山"三百梯"古道从歌乐山步云桥起,经白公馆后山,上松林坡,至同善桥,盘旋于歌乐山间,用石板铺就而成。此前,从磁器口到三百梯的石板路,总长约2公里半,而现在三百梯保存完好的石板路只有500米左右。这段邻近山崖的古道,被前人称为"天梯",邻近悬岩一边还巧妙地安装有石栏杆,见图5-2-2。

图5-2-1 成渝古驿道东大路

图5-2-2 歌乐山"三百梯"古道

2)黄桷古道

黄桷古道位于重庆市南岸区南山北面,起于长江边的上新街,止于黄桷垭口的老街,全长约2.5公里。该古道始于唐宋,因路道两旁集中群栖了许多硕大年老的黄桷树而得名,至今已有800年多历史,宋、元、明、清处于鼎盛时期,属老巴渝十二景之一。古道的形成就如同历史一样,随时世应运而生。它是历代川黔商贾贩运食盐、丝绸、药材和茶叶等货物的重要通道,近千年来被巴渝人唤作"官道",有重庆"丝绸之道"的美名。此外,它还是历代名人常经之地,曾留下丰富的题刻和诗词。抗日战争期间,入缅作战的部分军队也经此古道而过,此时的黄桷古道和古道之上的重庆南山,留下了国内外众多抗日名士、政界名流、文化名人的足迹。

古道的下端起于两处,一处位于上新街前驱路的左侧,是一条顺坡蜿蜒的青石板铺垫的中大路,是那时通过龙门浩渡口连接重庆城区的主要通道,也是通往川黔的主干道;另一处起于海棠溪,紧邻老君洞的一条石磴盘曲的天梯云栈。两条路在黄桷垭口前汇合,

图 5-2-3 黄桷古道

见图 5-2-3。

　　自从盘山的龙黄公路通车后,这条与南岸人相依相伴的石板古道就渐渐沉寂了。从山下通往黄桷古道的进口原本有两处:一处是上新街的前驱路;另一处在海棠溪丁家嘴。但后来在地产的开发潮中,海棠溪丁家嘴已经被拔起的楼宇取而代之。这样,黄桷古道就更加"封闭"了。有好长一段时间,黄桷古道躺在了岁月深处,仿佛冬眠。

　　2006 年,南岸区政府投资 100 万元对黄桷古道进行了修缮,增设了路灯、休息区、饮水点、体育健身休闲器材等公共设施。2009 年,区政府再投资 500 万元,新开辟了由南滨路经体育中心的上南山入口通道,更加方便了登山健身的群众。随着黄桷古道的重新开发与建设,巴渝十二景之一的南山千年黄桷古道,才又被人们活灵活现地勾勒了出来,2009 年被市体育局授予重庆市全民健身登山步道。每年,南岸区都会在黄桷古道上举行 2 次以上的万人登山活动。目前,从山下有两条健身步道可抵达黄桷垭正街,步道宽 1.5~2 米。黄桷古道,是每天有上千市民登山健身、休闲、旅游观光,节假日时人数可达上万人。

　　黄桷古道的登山步道包含两条线路,见图 5-2-4。

　　(1)体育中心—黄桷垭正街—文峰塔。长度 3692 米,相对高度 407 米。

　　(2)上新街转盘—黄桷垭正街—文峰塔,长度 3659 米,相对高度 377 米。

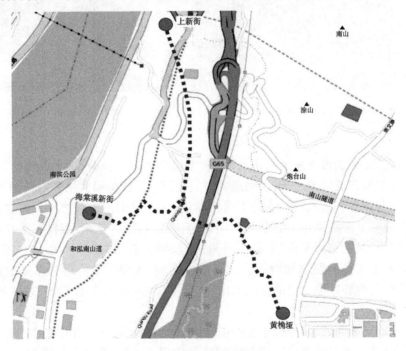

图 5-2-4 黄桷古道的线路走向

3) 张飞古道

张飞古道位于重庆市北碚区温塘峡的西山坪山麓,和缙云山、北温泉隔江相望,在北温泉公园对面的绝壁中穿行而过。古道起点在大沱口,沿江岸的半山腰一路延伸,贯穿整个嘉陵江温塘峡,终点在澄江镇对岸的白羊背,长度近 10 公里。据传为当年蜀国大将张飞出川征战返回阆中时,率领将士在嘉陵江温塘峡峡谷绝壁之上开辟的一条古道。中华人民共和国成立后由于江对面渝合公路(重庆至合川)的开通及知名的北温泉公园而早已经被人们忘记。相传峡中笔直的绝壁中有一条金扁担支撑才使险峻的山崖屹立千年,因此绝壁上偶尔会出现一些寻宝的人,探宝的人们没有找到金扁担,却在山脉中发现了黑色黄金煤,20 世纪 50 年代重庆嘉陵煤矿的兴旺给古道和峡口带来新的生机,可是随着地下矿藏的枯竭,古道和峡口的白羊背古街道再一次淡出人们的视野,现在只留有一些徒步爱好者和古镇爱好者穿行的足迹。

北碚温塘峡张飞古道是重庆市区内保存较好的古道之一,仍是尚未被破坏和开发的原始小道。古道集森林、峡谷、飞瀑、流泉及人文于一体,而且风景十分秀丽,环境更是十分清幽,是十分难得的徒步、踏青和郊游的好去处,见图 5-2-5。

图 5-2-5 张飞古道

4) 十八梯

老重庆渝中半岛城分为上半城和下半城,十八梯位于渝中区较场口,是从上半城(山顶)通到下半城(山脚)厚慈街的一条老街道。这条老街道全部由石阶铺成,蜿蜒陡斜,把山顶的繁华商业区和山下江边的老城区连起来。相传在明朝的时候,较场口有口水井,附近居民都吃这口井里的水,该水井距离居民区的住处正好十八步石梯;清朝时,这里又修筑了石梯小路,有 200 多级,为减轻爬坡之苦,特将长石梯也刚好分为 18 级台阶,因此人们把这里称作"十八梯",见图 5-2-6。

十八梯象征着真正的山城老重庆,十八梯老街道周围居住着大量老百姓,街上散发着浓浓的市井气息,是老重庆市民生活的真实写照,是领略真山城、老重庆最好的教科书。在十八梯,有一个紧闭着的防空洞,抗日战争时期震惊中外的较场口大惨案就发生在这里,见图 5-2-7。

图 5-2-6　渝中区十八梯　　　　　　　　图 5-2-7　十八梯防空洞

5.3　主城区典型现代步道

由于特殊地形地貌和居民步行出行对步道的实际需求,重庆市历来注重步行交通系统的规划发展。改革开放以来,特别是重庆市直辖以来,每一轮城市规划修编中都强调要加强以步道为重点的慢行交通系统规划建设。2009 年版的《重庆市主城区综合交通规划(2010—2020)》报告中,对以步行交通为重点的慢行交通系统进行了专章节的规划描述。随后基于美丽山水城市规划的契机,从重庆的制高点、美丽夜景、两江四岸以及城市细节等方面着手,提出结合城市步道等规划建设,打造城市阳台、视线通廊、山体照明,眺望"全重庆"、彰显"夜重庆"、提升"水重庆"、推出"细重庆"。

针对重庆市主城区步行交通分担率逐年下降和交通日益拥堵的状况,重庆市政府在2012 年就发布了《重庆市人民政府关于进一步加强城乡规划工作的通知》(渝府发〔2012〕105 号),要求注重非机动化交通和行人的需求,做好自行车、电动自行车、步行等城市慢行交通系统和无障碍设施的规划建设。随后,主城各行政区都积极行动起来,针对本地区的地形地貌、社会经济活动和步行交通文化特点,开展了步道规划实践,为打造适宜步行的城市奠定了坚实的基础。

5.3.1　渝中半岛山城步道

渝中半岛地区,是嘉陵江与长江汇合处的山城,是鹿头山与娄山的余脉,三面环水如半岛,开关似秋叶一片,有诗云:"片叶浮沉巴子国,双江襟带浮图关",正说明了渝中半岛的位置与形状。

半岛地区是主城区内地形高差最大的区域,也是重庆城的发源地。据传旧重庆城为蜀汉都护李严所筑;明洪武初又修筑石城,周长 12 里,开九门,各门均有一定的商业码头:千厮门多棉花,南纪门多蔬菜,太平门木材较集中,临江门多煤,储奇门多药材,两江交汇处的朝天门一带原为洋行商埠集中地。旧城分上半城与下半城,均沿山而建,出门就得爬坡上坎,形成了独有的步行特色。由于地形起伏大,联系半岛除几条有限的道路外,大多都是一些步行的小巷。巷子里的石梯又陡又长,总是爬不完,因此有民谣"上半城,下半城,上下半城累死人"。长期以来,重庆人对坡坡坎坎和巷子结下了特殊的感情。

从公元前316年的秦代江州城建设发展至今,重庆山城步道已有约上千年的发展历史,在此期间,它共经历了起源、功能复合、全盛、职能分化、职能缩减、萎缩6个发展时期[55],到1997年直辖以后,逐步进入复兴时期。

着眼于改善城区居民的出行体验、提升城市形象与品位、打造山城步道的城市名片,渝中半岛山城步道在2003年迈入全新的发展时期,经过详细的实地调研和精心的规划设计,山城步道先后进入如下两个发展阶段:

(1)阶段一:《渝中半岛城市形象设计》确定的山城步道

结合半岛地区特有的地形地貌和城市特点,渝中区政府充分挖掘和利用现状已有的步行通道,在2003年版的《渝中半岛城市形象设计方案》中规划了九条步道,其中西南走向八条、东南走向一条。同时,对它们的起讫点和建设时序做了具体部署,将山城步道定位为联系渝中半岛最具吸引力的活动空间和重点建筑的联系带,同时结合绿地系统等,构建完整贯穿渝中半岛的步行系统,见图5-3-1。

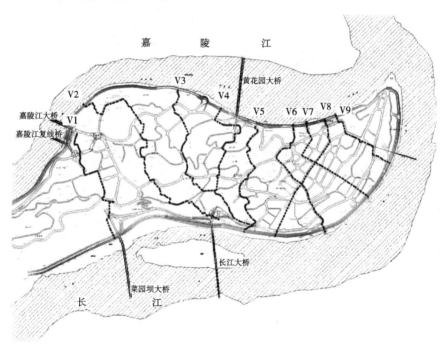

图5-3-1 重庆渝中半岛2003年规划的九条步道

嘉陵江大桥南桥头至菜园坝山城步道:全长3.0公里,串联了嘉陵江大桥南桥头城市阳台、体育路城市阳台、大田湾体育场、建新坡城市阳台、菜园坝火车站、汽车站等主要城市公共空间。它主要利用了嘉陵桥西村内步道、体育路北梯步步道、建兴坡烈士纪念碑梯步道等现有步行资源,纵贯南北,解决了上下交通的不便,彰显了山城爬坡上坎的特色,并借此达到显山露水的目的。建设时序为2003—2007年。

曾家岩长江大桥北桥头山城步道:全长3.7公里,连接嘉陵江滨水区、重庆六中、市政府、鹅趣园、大礼堂、枣子岚垭、文化宫、枇杷山公园、爱都中小学、五十中学、石板坡主题公园、长江大桥北桥头。利用了六中内部散步道、文化宫巷、枇杷山片区内部梯道、石板坡内部梯道等现有步行资源。建设时序为2003—2007年。

石板坡古城墙遗址山城步道：全长2.8公里，连接了嘉陵江滨水区、渝中区水厂、第一实验小学、大溪沟农贸市场、市外科医院、枇杷山公园、石板坡主题公园等主要城市公共空间。利用大溪沟市场街道、张家花园路、市外科医院下梯道、枇杷山片区内部梯道、石板坡内部梯道等现有步行资源，现状已基本现成，见图5-3-2[9]。建设时序为2008—2017年。

a)步道标识

b)步道地面标识

c)步道地面标识

d)步道上的指引

图5-3-2　石板坡古城墙遗址山城步道

长江滨江公园山城步道：全长2.7公里，连接黄花园滨江区、黄花园轻轨车站、黄花园绿色通廊、黄花园南桥头城市阳台、华一村、新德村、石板坡城市阳台、石板坡主题公园、长江滨江公园等重要公共空间。利用了北区路人行道、科委信息中心前传统街道、梯道、华一村、内部道路人行道、石板坡内部梯道等现有步行资源，见图5-3-3[60]。建设时序为2008—2017年。

中医研究所至长江滨江公园山城步道：全长1.9公里，连接中医研究所、黄花园农贸市场、通远门遗址、妇幼保健院、蔡家石堡、长江滨江公园等主要城市公共节点。利用了华一路、民生路、金汤街等城市道路的步道，以及蔡家石堡的内部梯道、南纪门正街的内部梯道等现有步行资源。建设时序为2008—2017年。

奎星楼至储奇门滨江区山城步道:全长 1.9 公里,连接了嘉陵江滨水区、奎星楼休闲广场、二十九中、较场口街道办事处、西南贸易中心、五十三中学、储奇门、长江滨江休闲区等重要公共空间。利用了奎星楼东侧步行梯道、民生路人行道、磁器街人行道、储奇门步道等现有步行资源。建设时序为 2008—2017 年。

洪崖洞至十八梯绿色通廊山城步道:全长 2.0 公里,连接了洪崖洞传统风貌保护区、洪崖洞城市阳台、地王广场、规划建设的国泰表演艺术广场、时代广场、解放碑商业步行街、民生城市之冠、较场口轻轨站场、较场口地铁站、较场口城市阳台、十八梯绿色通廊、南纪门、长江滨江公园等重要公共空间。利用了洪崖洞传统风貌保护区原有梯道、临江路、民族路、民权路、民权路等城市道路的人行道,以及解放碑步行街、十八梯现有步行梯道等步行资源,见图 5-3-4。建设时序为 2008—2017 年。

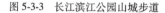

图 5-3-3 长江滨江公园山城步道

图 5-3-4 洪崖洞至十八梯绿色通廊山城步道

国泰绿色通廊至人民公园绿色通廊山城步道:全长 1.5 公里,连接了洪崖洞、国泰绿色通廊、国泰表演艺术中心广场、都市广场、时代广场、解放碑商业步行街、人民公园城市阳台、人民公园绿色通廊、长江滨江休闲区等重要公共空间。利用了解放碑步行街、西四街人行道以及人民公园片区内的梯道等现有步行资源。建设时序为 2008—2017 年。

洪崖洞至东水门绿色通廊山城步道:全长 1.2 公里,连接了千厮门、洪崖洞城市阳台、新重庆广场、罗汉寺、望龙门城市阳台、东水门绿色通廊、东水门及湖广会馆传统街区保护工程、东水门及城墙等重要公共空间。它主要利用了沧北路、民族路、打铜街、陕西路等城市道路的步道,以及太华楼梯道等现有步行资源。建设时序为 2003—2007 年。

截至 2017 年底,嘉陵江南桥头至菜园坝步道、曾家岩至长江大桥北桥头步道、渝中区水厂至石板坡古城墙遗址步道、洪崖洞至东水门绿色通廊山城步道已建设完成,全线贯通;其余步道利用人行道、原有梯道正在局部修建改造当中,已基本连通。

除以上提到的几大主要步道外,在陕西路地区的陕西路二巷至陕西路六巷之间,由于几个批发市场的紧密联系,在平行陕西路方向形成了多梯次的步道,将陕西路六巷与二巷之间地区联系起来,形成特有的集货物集散运输和人行功能为一体的专用通道。

(2)阶段二:渝中区"二横十二纵一环"山城步道体系

2017 年,为落实《重庆市主城区美丽山水城市规划》确定的控制原则,渝中区在《渝中区美丽山水城市规划》基础上,结合《渝中半岛城市形象设计》中山城步道规划情况,对区域内特有的山城步道进行了重新梳理与完善,提出了"二横十二纵一环"的步道建设规划。具体表现为优化了原有九条步道的线形,新增两条横向步道,第十、十一、十二共三条纵步道,一条滨江环道,见图5-3-5。

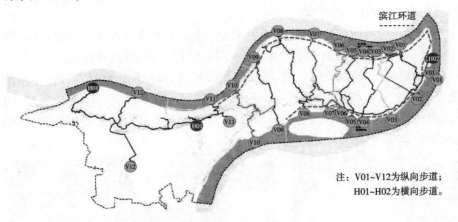

注:V01~V12为纵向步道;
H01~H02为横向步道。

图5-3-5　渝中半岛山城步道网络规划　　　　　　　　　扫码看彩图

①二横。

第一横:山脊步道。步道长度5.2公里,起于鹅岭正街,止于红岩村公园。沿渝中区山脊线将鹅岭公园、佛图关公园、化龙湖公园、虎头岩公园、红岩村公园串联在一起,展现渝中半岛的自然生态。

第二横:城墙步道。步道长度2.9公里,起于东水门,止于滨江公园。沿东水门由东往西,经过白象街、凯旋路、储奇门顺城街,沿着长滨路,到达滨江公园,呈现重庆城的古都历史。

②十二纵。

第一纵步道:长1.6公里,起于千厮门,止于东水门/长滨路。经都市庭院小区西侧大梯道,沧白路、民族路、打铜街及解放东路人行道,分两条支路,一条接下洪学巷传统山地步道,路过湖广会馆,到达东水门;一条沿着解放东路到白象街,路过听江大厦,到达长滨路,展现渝中区的五彩都市。

第二纵步道:长2.3公里,起于洪崖洞,止于长滨路。经沧白路、临江支路、民族路,穿过解放碑商业中心,沿邹容路,过人民公园、白象街,到长滨路江风雅筑小区,展现渝中区的五彩都市。

第三纵步道:长2公里,起于嘉滨路戴家巷,止于长滨路。经临江路国泰艺术中心、五四路都市广场、邹容路,穿过解放碑商业中心,沿民权路、较场口磁器街到凯旋路,通过凯旋路电梯再接解放西路、储奇门行街再到长滨路,呈现重庆城的古都历史。

第四纵步道:长2公里,起于嘉滨路创富中心,止于滨江公园。经临江路、民生路万豪酒店、民权路到较场口日月光广场、十八梯、凤凰台、滨江公园,呈现重庆城的古都历史。

第五纵步道:长2.9公里,起于嘉滨路富成大厦,止于滨江公园。经一号桥中医所、华一路,上到业成花园路,再经巴渝世家、通远门、金汤街妇幼保健院,再接放牛巷、马蹄街,最后穿南区路,呈现重庆城的古都历史。

第六纵步道:长2.9公里,起于黄花园轻轨站,止于南区路—滨江公园。穿过北区路,经两江丽景酒店、康田城市阳台、胜利路华一路,上到新德村,再至中山一路路口,经兴隆街,到达石板坡山城第三步道,最后经山城巷下到南区路,展现渝中人民的休闲生活。

第七纵步道:长3.8公里,起于大溪沟轻轨站,止于南区路—滨江公园。穿过大溪沟河街,经人和花园、金厦苑、昆榆名仕城步道,上到中山一路路口,经枇杷山公园山城步道,沿枇杷山正街,到达南区路,展现渝中人民的休闲生活。

第八纵步道:长3.9公里,起于曾家岩轻轨站,止于珊瑚公园。经人民支路南侧山地梯道、人民广场、学田湾正街、下罗家街接文化宫巷步道,通过过街天桥再接枇杷山正街、邹容公园、南区路山地步道,展现渝中人民的休闲生活。

第九纵步道:长2.1公里,起于牛角沱轻轨站,止于菜园坝火车站。自北向南串联起牛角沱轻轨站、嘉西村城市阳台、上清寺、大田湾体育场、皇冠大扶梯、菜园坝火车站等城市公共空间,展现渝中人民的健康运动与娱乐。

第十纵步道:长3.2公里,起于李子坝轻轨站,止于菜园坝火车站。自北向南串联起李子坝轻轨站、桂园小区、桂花园新村、国际村公园、穿越王家坡竹林公园,到达菜园坝火车站、菜袁路、长江段滨江,回顾陪都的抗战文化。

第十一纵步道:长2.1公里,起于李子坝公园,止于佛图关轻轨站。自北向南串联起佛图关轻轨站、佛图关公园、鹅岭公园等城市公共空间,到达李子坝,呈现渝中人民的自然与生活。

第十二纵步道:长度待定,起于重庆天地,止于龙湖天街。自北向南串联起重庆天地、虎头岩公园、沿石油路到达龙湖天地,展现渝中人民的休闲生活。

③滨江环道。

通过李子坝公园经朝天门广场到珊瑚公园段全长约10.5公里,沿嘉陵江、长江自西向东分别串联起了李子坝公园、抗战遗址博物馆、上清寺观景台、鱼港滨水公园、洪崖洞,菜园坝站前广场、珊瑚公园、长滨公园等公共空间,并在朝天门广场处交汇。

总的来说,渝中区已基本形成了结构完善、功能独特的步行系统,构成了半岛地区居民工作出行的重要交通方式,形成结构完整、连续贯通、穿越半岛的交通系统。其主要特点如下:

(1)区域内已形成了垂直与主要道路方向的、解决区域内南北向交通的步行系统,与道路交通互为补充,弥补了半岛地区在南北方向上由于地形条件结构欠缺而导致的道路缺乏的不足。

(2)步行系统将渝中半岛上最有吸引力的公共空间及重点建筑联系联系起来,结合绿色通廊及城市阳台联系上下半城的步行梯道。

(3)十字金街地区形成了比较完善的地下步行系统,较好地解决了行人过街与车行交通的矛盾,同时与轨道车站有一定的衔接,形成了轨道—地下步行街—十字金街一体的中央商务区的步行系统。

同时,也存在许多不足,主要表现在:

(1)由于现状建筑等原因,步道的宽度较为狭窄,步行的舒适性较差。现状已建成的步行系统中,宽度多在2~3米,但由于两侧商铺或摊贩的占用,实际可用宽度多在1.5米左右,在上下班时间步道较为拥挤,行人上下颇感不便,许多步道坡陡,尤其对老人来说行走安全

图 5-3-6　舒适性与安全性较差的陡梯

性较差。同时,步道在建设中没有考虑到重庆夏季炎热多雨的问题,因此没有遮雨遮阴的设施,步行的舒适感不佳,见图 5-3-6[9]。

（2）步道与交通设施衔接和统筹考虑不够。步行系统并没有很好地与公交停车港、轨道车站等有机地结合在一起,居民步行到公交停车港或者地铁车站时,绕行较多,从心理上对居民使用公共交通方式出行带来了负面作用。

（3）步道缺乏标识,行走没有方向感。

（4）步道在细节方面(绿化、照明、小品等)的设计和施工等存在不足,如花坛的随意摆放、座椅的缺乏等,较多细节有待完善。

5.3.2　典型商业步行街

重庆市主城区目前形成了解放碑、观音桥、沙坪坝、南坪、杨家坪五大主要商业步行街,同时也是五大商圈,详见表 5-3-1[56]。

重庆市主城区五大商圈商业步行街概况　　　　　　　　　　　表 5-3-1

名称	区位	构成	定位	商业业态	特　色
解放碑十字金街	渝中区	民族路、民权路、邹容路、八一路	重庆主城CBD极核区	38 家世界 500 强企业入驻解放碑,47 家在此设立分支机构,分别占全市的 56%和 48%	解放碑商圈经济发展迅猛,承担商务、休闲、商贸多重功能,作为主城区CBD 的极核
观音桥步行街	江北区	嘉陵公园、观音桥广场、观音桥步行街道、北城天街、浪漫一条街	融合生态观赏、游览、购物、休闲、娱乐为一体的大型生态商圈	具备商业购物、文化娱乐、酒店餐饮、金融服务、商务办公多种功能,包容百货、超市、专卖店、大卖场等各种商业形态	入选"中国著名商业街",并且是西南地区规模最大、最宽敞、绿化率最高(达 40%)的步行街
沙坪坝三峡广场	沙坪坝区	绿色艺术园、商业文化街、名人雕塑园、三峡景观园	以长江三峡自然人文资源和三峡水利工程为主要内涵的主题广场	以重庆百货、立洋百货、新世纪百货、王府井百货为主体的百货营销区	浓缩了三峡大坝的雄伟景象,展现了三峡库区的旖旎风光,蕴藏浓厚的巴渝文化
南坪步行街	南岸区	惠工路、珊瑚路	南岸的中央商务区,是带动全区第三产业发展的龙头	拥有以江南商都、浪高百盛、万达广场、协信城、沃尔玛等为代表的二十余个大中型商场、超市、专卖店和专业市场	重庆市主城区面积最大的步行街系统

续上表

名称	区位	构成	定位	商业业态	特色
杨家坪步行街	九龙坡区	西以兴胜路、前进支路为界,北以九九商场、杨家坪供电局为界,东以建设一小、杨家坪横街为界,南以鹤兴路为界	社区型商圈,为区域范围提供购物、休闲场所	上海航星置业、法国尖端信息公司,佳宇、斌鑫等公司已签约进驻步行区进行开发,拥有龙湖西城天街、大洋百货、富安百货、瑞成商都、重庆九龙场、华润万象城等大型商场	贯穿梅堡、中心转盘、文化广场延至团结路的"绿色飘带";梅堡公园60米宽的人造瀑布,瀑布内建造有"酒廊文化"通道;广场步行区有花岗和木地板

以下重点对重庆市解放碑、三峡广场、观音桥三大步行街[57]进行介绍。

1)解放碑步行街

解放碑步行街自1997年12月27日开街以来,从最初的24000平方米发展到如今的36000平方米,商圈区域面积扩展到1平方公里,涵盖了重庆商业、办公最发达的极核地区,目前已成为西部最大的商业步行街。

(1)整体布局

解放碑步行街位于渝中半岛商业中心区,由民权路、邹容路相交的"十字金街"组成,东南西北分别有中华路、青年路、民生路及大同路环绕,目前步行街区正逐步向八一路延伸,见图5-3-7[9]。整个区域定位为商贸和办公功能,同时解放碑还是重庆人民的精神堡垒,如同埃菲尔铁塔之于巴黎人。由于商业的繁华,以及商业建筑的高度密集,解放碑还成为一个旅游景点,平均每天人流量有40万人左右,节假日高峰时每天近120万人流。

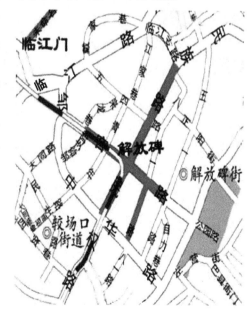

图5-3-7 解放碑及步行街分布

(2)步行街内外交通组织

解放碑步行街是重庆市的商业与文化中心,人流集疏运交通方式齐全,主要客流依靠轨道交通 1、2、6 号线和发达的公共交通网络;约 3 公里长的解放碑地下环道系统将众多地下停车库的约 2 万个停车位连接起来,方便开车进入步行街的消费者停车和进出;长230 米、宽 7 米临江门奎星楼到国泰广场空中步行连廊,连接临江门奎星楼、都市广场、国泰广场、解放碑步行街,两侧通透可观沿途景观,市民到解放碑步行街逛街,驾车至奎星楼停车楼停车后,通过这条空中步行连廊,能十分便捷地到达都市广场、国泰广场、解放碑步行街。

解放碑步行街与周边车行道路的分隔主要采用铺装的改变和圆球形路障及花坛阻隔的形式,将外部交通和内部交通加以分隔,划定步行街的边界,区分出车流流线和人流流线,为步行街内行走、散步和游憩的人流提供自由、随意、安全的空间环境。

(3)步行街景观规划布设

作为具有相当高度和重庆最重要的地标性历史建筑,解放碑碑体采用中心设立的空间限定手法,位于片区的中心位置,形成视觉焦点并引导人的视线向上,营造出庄严肃穆而又恢宏开阔的空间感。在灯柱下方设置悬空式花簇,不仅弱化了路灯的体量,也使这种路灯成为解放碑步行街的特色,见图 5-3-8。步行街东面入口精心设计的花坛分隔带,不仅区分了内部交通和外部交通流线,阻止车流的进入,起到了限定空间的作用,而且在立面上丰富了视觉效果,起到了美化街道的作用。步行街北部边界处的不锈钢雕塑,兼具地下通风和反光功能,夜晚尤为引人注目。

解放碑步行街处的植物采用乔灌木搭配的方式,乔木多为桂花列植,有时也用黄葛树及榕树作为庭阴树,小乔木基本采用白兰,而灌木则多用鹅掌柴或雀舌黄杨进行组合搭配。高大乔木具有遮挡视线的作用,形成了一定的围合空间,将快速通道与广场分隔开,限制了人流在水平方向上的移动,形成的围合空间给人以安全和私密感,让逛街后感觉疲乏的人群在此处休憩和观看商业活动。在纽约大厦门口设有叠水水景喷泉,虽然水景体量不大,但流动的水流与水景本身形成动静结合的关系,灯光颜色随着时间推移而变化的喷泉灯带,提升了街道的趣味性,同时美化了街道环境。工商银行门口设有供行人休息的休闲广场,街道采用树池与座凳相结合的形式进行布列,提供了足够的休息空间。

2)三峡广场步行街

三峡广场步行街始建于 1997 年,2002 年开放,是集商贸、文化、景观、休闲于一体的大型城市广场,总用地面积约 8 万平方米。三峡广场步行街倾注了重庆人对三峡的无比热爱、对三峡工程的深厚情感,被评为"中国特色商业街",见图 5-3-9。

图 5-3-8　灯柱下方设置悬空式花簇

图 5-3-9　沙坪坝三峡广场步行街

（1）整体布局

三峡广场商业步行街位于重庆市沙坪坝区中心地段，北至沙南街，南邻重庆沙坪坝火车站，东连汉渝路，西接渝碚路。由商业文化广场、中心景观广场、名人雕塑广场、绿色艺术广场四个部分组成，整体空间呈不规则十字形状，步行街两侧有两条主要路径靠近两边的商业铺面，可达性很强，同时每隔约20米设置有穿越路径。中间的休闲带可作为地下商场出入的通道，是次要人流路径，每50米的适当隔断减弱了中间休闲带步道的可达性和视觉可达性，使中间段的氛围稍显安静。集成购物、休闲、旅游、商贸等多种功能为一体，吸引大量商业人流与观光人流。

（2）步行街内外交通组织

三峡广场商业步行街客流主要通过轨道交通1号线、环线和9号线，以及数十条公交线路集散；机动车绕步行街单向循环通行，由于内部停车设施服务能力有限，不太支持私家车到达广场商业步行街内部。步行街沿线分布着商业步行空间，两边设置小尺度的商业店面，中央设置绿化、雕塑及休息设施等；步行街入口沙南街到渝碚路以曲线形铺砖作为流线导向，步行街与车行道的衔接分为人车行广场式、人车行线路式、人行线路式。行人与车辆之间通过座椅、树阵、雕塑、喷泉相隔，同时部分区域商场空中连廊和地下商场出入口与公共交通场站相接。

（3）景观规划布设

三峡广场景观规划布设独特。广场中心布设音乐瀑布、观景栏杆、文化墙、地下商场入口；四周布设雕塑、壁刻、花坛、座椅、露天茶楼、便利店；外围铺砌方形铺砖、灌木花坛、景观美食类商铺、商业休闲类商铺。

三峡景观园是三峡广场四大组成部分的核心，它浓缩了三峡大坝的雄伟景象，展现了三峡库区的旖旎风光，浸润着浓郁的巴渝文化。广场内有三峡奇石、巴渝文化墙，三峡栈道、三峡航标灯、三峡大移民等20余处三峡人文景观。

三峡艺术碑是三峡广场标志性建筑。位于三峡广场的中心，它以三峡大坝大江截流石四面体构成，高19米，巍峨挺直，直刺云天。水幕电影是三峡景观园最具特色景观之一，宽25米，高18米，是西部地区目前最大的水幕电影，每天晚上吸引着成千上万的人们驻足观看。诗碑林刻绘诗词23首，浓缩了古今诗人、名家对三峡的赞美之情，游人身在其中，切身感受三峡源远流长的文化底蕴。

名人雕塑园位于三峡广场的南面，地势平坦。园内竖直着曾经在沙坪坝区生活过的名人雕塑。有郭沫若、巴金、丰子恺、冰心等15位文化名人雕塑，与沙坪坝区的文化区定位相得益彰。

绿色艺术园毗邻名人雕塑园，春有樱花、夏有黄花槐、秋有九重葛、冬有蜡梅。一年四季，绿树常青、花香飘溢，令人神清气爽，心旷神怡。同时绿色艺术园又是沙坪坝区传播商业信息的窗口，每逢周末、重大节日，这里人山人海，各种公益活动、商业广告宣传，均在绿色广场进行，人们一边呼吸着清新的空气，同时享受着经济繁荣给人们带来的无尽欢乐。

（4）步行街扩容规划

针对三峡广场商圈步行街建设早、容量小、设施陈旧、业态单一的问题，沙坪坝区政府进行了扩容规划。扩容后，整个三峡广场商圈步行街将划分为三个层级，其中，核心层级商圈面积约为 140 公顷,以沙坪坝火车站为中心,涵盖三峡广场、重庆师大、沙坪公园、重庆八中、东原ARC;亚层级商圈面积约为 570 公顷;外围层级商圈面积约为 750 公顷。未来,商圈步行街将依托生态基底,促成"一心""一廊"(即以沙坪公园为生态核心、构建联系平顶山和沙坪公园之间的生态廊带)为中枢的生态网络的生成。通过建设空中绿道、预留重庆八中绿廊、改造沿街步行空间结合步行系统构建生态网络;新建 5 个停车场,解决车位约 9000 个,改善商圈步行街停车服务能力;对沙坪公园进行改造,完善周边路网,拆除公园围墙,营造开放式绿肺公园;以现代服务业体系为发展主线,商业业态向体验式高端方向迈进,打造第五代情景商业公园;对商圈建筑内外空间和开放空间要素进行时尚化改造,在主题引领下重点打造四个具有代表性的景观节点:三峡广场节点、英伦风情街节点、西北入口节点、文化广场节点。

3)观音桥步行街

观音桥是江北区政治、经济、文化中心和重庆北部商贸中心,步行街于 2003 年 4 月开始建设,2004 年底初步建成,然后向北城天街、塔坪拓展,已成为仅次于解放碑商圈的重庆第二大商圈,是西南地区规模最大、最宽敞、绿化率高达 40%的步行街,获得"重庆八大新地标""中国十大著名商业步行街"称号。

(1)整体布局

观音桥步行街位于江北区商业中心区,由观音桥环道、建新北路、建新西路、北城天街、洋河一路等道路相交形成的区域,见图 5-3-10。观音桥步行街规划与观音桥商圈规划相结合,将城市规划与商业规划、城市建设与商业招商、城市景观与商业购物有机联系起来,定位为具有商业购物、文化娱乐、酒店餐饮、金融服务、商务办公、居住休闲等功能的复合商业街,规划核心区占地面积 0.65 平方公里,拓展区辐射面积 5.08 平方公里。

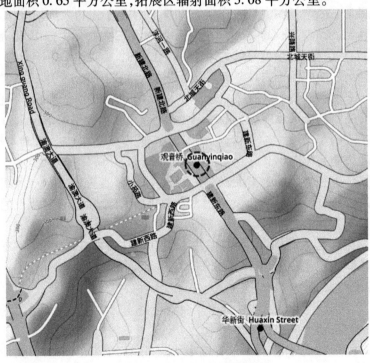

图 5-3-10　观音桥步行街区位图

（2）内外交通组织规划

观音桥商圈总体实施"地面环行+地下直行+地下轨道"的立体交通方案,修建全长 2.1 公里逆时针单向循环的环行道路,隔断外围交通与内部交通;建新北路地下部分修建全长 800 米的双向直行 4 车道的下穿道,让过境交通快速通过。

观音桥步行街与外部道路的分隔采用设置路障的方式,在外部道路与步行街的衔接处都留有适当的过渡空间,在步行街入口处设置有同种规格的花坛等距排列,使内外空间有明显的划分,行人可自由安全地在步行街内散步、逛街和休憩。

观音桥步行街地势较为集中,交通方式十分多样化,整个商圈的进出口多达数十处,提供了进行复杂交通组织管理的空间。观音桥步行街人流集疏运主要依靠已建成的轨道交通 3 号线、规划建设的轨道交通 9 号线,以及发达的常规公交网络;步行街内部和周边约 1 万个停车位方便驾车进入步行街的消费者;商圈环道内部步行人流可通过顺直的衔接天桥到达北城天街等区域。

（3）景观规划布设

观音桥步行街为一条西北至东南朝向的线形步行街,各商业楼均分布在街道两侧,整个步行街呈对称状分布,视线开阔,给人一种宽敞大气的观感。观音桥商圈由嘉陵公园、观音桥广场、观音桥步行街三大部分组成,公共空间面积达 20 万平方米,内有重庆主城区商圈中唯一的城市公园,步行街总长度 3000 米,拥有大型乔木 1500 株,水体面积 7000 平方米,绿化覆盖率达到 40%。观音桥商圈集公园、广场、步行街三大功能于一体,使商业与景观实现有机的结合,成为融生态观赏、游览、购物、休闲、娱乐为一体的大型生态商圈。

步行街内有一大型水景设施,景墙上雕刻的是江北龙,这是观音桥商圈的地标性建筑之一,由大青石雕刻而成,恐龙蛋的蛋壳由金箔包裹,象征江北区的辉煌明天;该景墙不仅有文化展示作用,还同时隐藏了轨道交通 3 号线的 3 号出入口,起到美化街道的作用。在步行街设置有以青花瓷为主的花瓶雕塑和写有步行街名称的景观石,两种硬景元素与植物软景相搭配,色彩艳丽,体积较大,作为景观节点,不仅丰富了外部景观效果,也增添了浓厚的文化气氛,见图 5-3-11。在步行街上和嘉陵公园入口处都分别设置了标识明确且有一定设计感的路标指示牌,给行人提供了清晰的路线导向,方便步行自由选择购物商城和闲逛的方向;且不同地方在路牌上有不同的颜色,以便吸引游人的注意力。观音桥广场中有一尊由意大利艺术家朱纸先生创作的"世界最大辣椒"——"天之椒子"雕塑,高 6.25 米、宽 1.90 米,由铜、树脂和铁等材料制成,代表山城重庆的美丽火辣,也突出重庆的地方特色,与地方美食标签"火锅"相契合。观音桥仿古建筑,气势磅礴、庄重典雅,已成为观音桥商贸中心的标志。立于小广场的几根汉白玉盘龙柱,雕刻精美、颜色鲜亮,形成对广场的有效围合,成为附近居民小型集体活动的场所。

步行街内的嘉陵公园音乐喷泉最高喷射高度可达 80 米,伴随着音乐的节奏,15 种复合水型演化出上百种花形变化,7 色水下彩灯散发出五彩缤纷的光芒,打造出如梦如幻的视听艺术。在步行街距离两旁商户四分之一街道处主要是种植低茎阔灌的树木,既不影响两旁视觉,同时又能在树下设置足够的座椅,倍显亲切实用。嘉陵公园绿化率高,高茎阔冠植被较多,植被和水系交错,是观赏游览的重要去处,见图 5-3-12。

图 5-3-11 观音桥地标　　　　　　　　　　图 5-3-12 绚丽的嘉陵公园音乐喷泉

5.3.3 城市滨水空间步道

城市滨水空间步道是重庆依山滨水的城市特点所延伸出来的,主要位于社区休闲空间和户外休闲空间,即公园绿地广场(公园步行系统)、城市沿山沿河等边缘地带(滨河步道)户外休闲空间的步道等。

1)城市滨水区功能演变

城市滨水区为城市中陆域与水域相连的一定区域的总称。城市滨水区既是陆地的边缘,又是水体的边缘,包括一定的水域空间和水体相邻近的城市陆地空间,是自然生态系统与人工建设系统相互交融的城市公共开敞空间。往往因其具有开阔的水面,而成为旅游者和当地居民喜好的休闲胜地。

作为生存、灌溉和运输的必要源泉,水与人类最早的文明起源息息相关,国内外的许多城市都是依靠一个庞大的水系发展而来的。最初的城市滨水区通常具有港埠的功能,成为水陆交通的枢纽。发达的水运交通网络、便捷的水上交通工具,使这一区域一度成为城市最具活力的地段。城市滨水区在经历了农业文明的繁华之后,人类交通迎来了铁路运输时代,许多城市港口都经历了由繁华到衰败的过程,原先的工厂、仓库、码头和客栈被废弃,水体也受到严重的污染,这一区域一度衰落成城市荒芜的地段。到了 20 世纪 60~70 年代,城市港口衰落的问题开始引起了各方的关注,以商务和游憩活动复兴城市滨水区的计划,成为许多港口城市规划中的重要内容。

从城市滨水区的发展历史来看,其功能主要经历了以下演变,至今已兼具各种功能:

(1)运输功能:在工业革命后,由于水上航运业的发达,大多数城市的滨水区成为码头和港口。

(2)生态廊道功能:古代城市的历史是建立在农业基础上的历史,城市水道成为城市天人合一的具体形式,城乡联系的重要廊道,现代的城市滨水区同样也是城市社会与自然界进行物质交换的重要渠道。

(3)商务功能:由于水运港埠的繁荣,许多城市中心区、港口和仓储业都选择滨水而居,使得滨水区出现店铺,成为城市的商务中心。

(4)旅游、休憩功能:具有开阔水面的区域往往会成为旅游者和当地居民的休闲地域,满足了久居钢筋水泥建筑中的城市居民亲近自然的需要。

2)重庆主城区滨江空间概况

重庆主城区地处长江上游,城市依山临江而建。滨江地带明显呈峡谷型(V型)地貌特征,陡坡多、缓坡少,江水落差较大,沿江一带均为自然坡岸,环境普遍较差,一些地区危岩滑坡严重,地形条件复杂,可利用的滨江资源相对较少,这与平原地区的滨江地带有明显的区别。因此,重庆主城区早期的滨江路建设其实是一个沿江的综合整治工程。

在 1988—1997 年,渝中区开全市先河,建成长滨路约 3 公里和嘉滨路约 5 公里,后来主城各区陆续修建了沙滨路约 5 公里(此外沙坪坝在建的磁井段约 13 公里)、北滨路 13 公里、南滨路 18 公里、九滨路约 5 公里、巴滨路约 18 公里等多条滨江路,在主城区范围内已建成了 7 条共计约 67 公里的滨江路。随着滨江路的建成,滨水区也整体得到开发和利用,见图 5-3-13[9]。

滨江路的修建,在改善城市的交通、环境、河道整治、景观等方面取得了显著的成效,其中:

(1)长滨路、嘉滨路的修建完善了渝中半岛的路网布局,一定程度上缓解了交通拥堵。主要具有道路交通、码头建设、危岩整治和防洪的功能。

(2)长滨路结合滨江公园的修建,北滨路、南滨路少量亲水观景平台设施,增加了居民的亲水空间。

图 5-3-13 重庆城区滨江地带

(3)南滨路、北滨路结合沿江的用地开发,增加了许多商业、休闲服务等方面的功能,促进了沿江经济的发展。

滨江路给沿线带来了巨大的社会、经济效益。从主城区在 20 世纪 90 年代以来的滨江地带道路建设的特点可清晰地看出滨江公共空间环境明显的变化趋势,更深层次反映出社会生活方式、人们的思想观念、城市空间结构等等的变化趋势。总的来说,主城区滨江路规划建设的功能演变可分为以下三代:

第一代滨江路——以渝中区两江滨江路为典型,主要是满足交通、防洪、滑坡治理、环境整治、码头整治等功能。

第二代滨江路——以沙滨路、部分北滨江路为典型,在满足交通、防洪功能的基础上,在这期间逐渐考虑了绿化、景观等方面的公共活动空间。

第三代滨江路——以江滨江路和南滨路为典型,在前两代滨江路的基础上,更加注重景观、亲水空间等功能的发挥,滨江路同周围地带形成功能、空间上渗透,大量引入了多功能的公共活动区,但总体而言,仍不能满足人们亲水的需求,见图 5-3-14[9]。

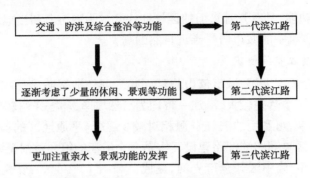

图 5-3-14　重庆主城区滨江路功能演变图

3）典型地区情况

（1）朝天门

①历史概况。

朝天门是重庆城最初的发源地,位于重庆城东北长江、嘉陵江交汇处,襟带两江,壁垒三面,地势中高,两侧渐次向下倾斜。明初扩建重庆旧城,按九宫八卦之数造城门十七座,其中最大的一座即朝天门。门上原题"古渝雄关"。因此门随东流长江,面朝帝都南京,于此迎御差,接圣旨,故名朝天门。

朝天门地势险要,是重庆历史上最早的一个古码头,而且商务活动兴盛,因此朝天门也被称为"天字第一号码头",见图 5-3-15。在 1891 年重庆辟立为商埠,朝天门始设海关,1927年因修建朝天门码头,就将旧城门撤除。1949 年的"九二"火灾使朝天门附近 2 公里的区域化为废墟。

②整体布局。

直辖之初的 1998 年,重庆市政府改造了朝天门广场,新改建的朝天门广场,占地 8 万平方米,由观景广场、护岸梯道、交通广场和周边环境配套四大部分组成,集水、陆交通枢纽和旅游观光、市民休闲等功能于一体,是新重庆极具特色的一处标志建筑,亦是俯瞰两江汇流,纵览沿江风光的绝佳去处,见图 5-3-16[9]。朝天门码头还是川江水运的重要枢纽、重庆市区著名景点,左侧嘉陵江纳细流汇小川,纵流 1119 公里,于此注入长江;朝天门广场面积 1.7万平方米,像巨轮甲板,从对岸看来就如座巨轮正在江中"朝天扬帆帆",重庆公路"零公里"点标志起点也设在朝天门广场。

图 5-3-15　昔日的朝天门

图 5-3-16　两江交汇——朝天门码头

③亲水空间。

朝天门码头护岸梯道,长700米,共128梯,由8万块混凝土砖铺砌,整个梯道呈环江扇形,与广场相互衬托,是国内最壮观的江边大梯道,为旅客的上下提供了便捷的通道,也为人们的亲水提供了可达性,不管是水涨水落,游人都可以利用梯道随时实现亲水的愿望。朝天门步道的建设主要有两重功能:一是为了加强防洪功能,二是为了满足港口人流集散的便捷性。

(2)南滨路

南滨路,位于重庆市长江南岸边,与渝中区隔长江相望;属城市公园类自然风景旅游景区,南滨路旅游观光区全长25公里,占地16万平方米,是集防洪护岸、城市道路、旧城改造和餐饮、娱乐、休闲为一体的城市观光休闲景观大道。1998—2002年初,南滨路一期工程竣工,从重庆长江大桥南桥头至弹子石;2006年完成南滨路二期工程,从长江大桥南桥头至鹅公岩桥头;南滨路三期工程从弹子石延伸到长江南岸的大佛寺大桥;南滨路建设工程全长约18公里。

①整体布局。

南滨路历史悠久,巴渝文化、宗教文化、开埠文化、大禹文化、码头文化、抗战遗址文化如珍珠般遍布沿线。南滨路打破过去对城市道路单一交通功能的理解,将南滨公园建设成为集城市交通和城市公园、餐饮娱乐为一体的滨江大道公园,是我国最大的滨江公园。

重庆南滨公园南起重庆长江大桥南桥头,北至弹子石法国水师兵旧址,全长6.8公里。通过对南滨路的植物改造,形成沿江绿色长廊。精巧的构思形成了极具特色的夜文化景观,融合南岸历史人文、巴渝文化为内涵,南滨公园业已成为重庆市文化之路,见图5-3-17[9]。

图5-3-17　重庆南滨路休闲健身步道

公园景观分为三大部分:187道路景观工程、六大主题景区、180景区连接段。

187道路景观工程:全线各个主要部位设有艺术品,如人物雕塑、场景地刻、光廊、石雕等,绿化以公园式的模式,创造新的道路绿化理念。

六大主题景区:黄葛晚渡景区以介绍南岸渡口及码头文化为主题。海棠烟雨景区以介绍重庆民俗为主题,内建有重庆民俗风情的浮雕"龙门阵"、南岸花木浮雕,刻有大量诗歌赋。龙门皓月景区以介绍"巴渝十二景"之一的"龙门皓月"为主题。字水宵灯景区以介绍"巴渝十二景"之一的"字水宵灯"为主题,以形象化的小品展现两江至朝天门汇合,三折而成一巴字,景区位于古寺——慈云寺靠江侧。峡江开埠景区以介绍重庆开埠史和民族工商史为主题。禹王遗踪景区以介绍"大禹治水"和"诞子石"传说为主题,有诞子石雕塑、大禹雕塑、大禹治水故事雕塑、脚印地刻等。

180 景区连接段：连接段挡墙上刻有五个主题的浮雕。

②亲水空间。

由于此段滨江地带地形较高和防洪的要求，使得整个滨江公园位于直立挡墙上，没有直接的亲水空间，而位于滨江公园二层平台上的健身步道，成为一个远离滨江公园喧嚣的宁静之地，一个没有视线阻隔的观景平台，可供人漫步、小憩、老人们垂钓，见图 5-3-18[9]。

南滨路的特点：一是滨江公园的建设融合了商业、历史文化等多种元素，使滨江公园整体空间富于变化，成为旅游休闲的景地；二是二层平台步道延续了较长的空间，且从铺装和功能设置上体现了多样性，让人们不觉单调与乏味。整个步道都体现出了一种宁静的氛围，为人们休憩、健身提供了场所，见图 5-3-19。

图 5-3-18　南滨路亲水空间

图 5-3-19　富含空间变化的滨江公园

（3）北滨路

北滨路，位于重庆市江北区，为江北区嘉陵江滨江路和长江滨江路的统称，其中嘉陵江段滨江路为北滨一路、长江段滨江路为北滨二路。北滨路西起嘉陵江江北农场，东至长江寸滩，规划全长约 31.5 公里。其中一期工程从石门大桥至江北嘴 11.68 公里（北滨一路）；二期工程长江段（东段）从江北嘴至唐桂新城 11.4 公里（北滨二路），嘉陵江段（西段）从石门大桥至江北农场 8.5 公里（北滨一路）。北滨路已建成通车约 17 公里，其中一期工程 11.68公里已于 2005 年 9 月建成通车；二期工程东段（江北嘴至大佛寺大桥），全长约 3 公里，已于 2008 年建成通车，西段石门大桥至大川接口段，全长 2.5 公里，已于 2009 年底竣工通车。

①整体布局。

北滨路横跨西南地区最大的购物广场——世纪金源时代购物广场和观音桥商圈，以及新兴的重庆市中央商务区——江北嘴，拥有汉阙文物主题公园、长安 1862 文化主题公园和北滨桥头公园等文化休闲设施。这些公园道路的建设没有采用高架和直立挡墙的形式，而是采用了平台式的逐级步道，步道延伸至江边，并在各级空间里种植不同的耐水植物，设置网球、乒乓、羽毛球等健身场地以及大量的休闲茶座灯设施，关注市民的休闲与健身，充分挖掘滨江文化底蕴，陶怡行人或游人的情操。

目前，北滨路内侧的餐饮迅速发展，形成了雅俗共赏的美食街。外侧公园的落成，为人们提供了饮茶、健身的休闲空间。江边拾阶而上，可以欣赏到三个不同层次的景观带，成为人们周末的休息、运动之所，网球、羽毛球、乒乓球等运动设施吸引了不少年轻人；茶座、棋牌亦是大多数人们休息时所爱；长长的台阶步道也是周边居民晨练的首选。

②亲水空间。

北滨路众多的亲水广场让人们可直接通过这些广场下到嘉陵江岸，与江水亲密接触，其中：位于相国寺附近的水岸广场，布局绿树、青草、流泉，打造优美的亲水与休闲平台；位于市教委附近的江风广场，下方观景平台上有茶吧，市民可以坐下来喝茶、晒太阳；位于金砂水岸旁的嘉陵广场，四面透明的玻璃窗方便市民休闲赏景；对现有广场改造后的金沙门广场，提升了景观档次，改善了绿化与休闲设施。

图 5-3-20 亲水性良好的北滨路

通过长长的步道和一级级的台阶，人们可行至江边。平台上长长的步道成为人们晨练跑步之地，似身在绿林中。亲水空间的可达性好、整体景观性较好；公园的健身和休闲设施很适合人们的需求；公园的设计建成带动了周边的餐饮业的发展，提高了附近居民的生活质量，见图 5-3-20。

5.3.4 山体空间步道

重庆是个两江环绕、四山分隔的山地城市。由东向西有明月山、铜锣山、中梁山和缙云山，形成主城的四大肺叶，并与枇杷山公园、鹅岭公园、平顶山公园、沙坪公园等城市中的山体绿地形成天然的氧吧，见图 5-3-21[9]。山体中古老的商贾之道随社会的发展，已失去原有的功能，渐渐地归入沉寂；而在生活水平不断提高、社会压力越来越大的情况下，人们对休闲健身的需求也在增强，利用健身步道贴近大自然到这些天然氧吧休闲旅游、贴近大自然，成为都市人们周末假日放松休闲的最佳选择。下面介绍重庆市主城区典型的山体空间健身步道。

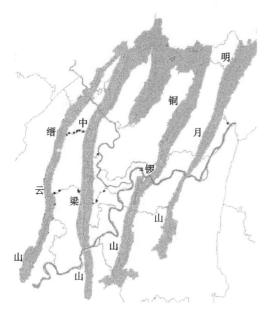

图 5-3-21 重庆主城被四山分隔

（1）缙云山健身步道

缙云山雄峙北碚区嘉陵江温塘峡畔，是七千万年前燕山运动造就的背斜山岭，古名巴山。山间白云缭绕，似雾非雾，似烟非烟，磅礴郁积，气象万千。早晚霞云，姹紫嫣红，五彩缤纷。古人称"赤多白少为缙"，故名缙云山。其山峰多起伏，呈锯齿状，海拔多在 800 多米，森林荫翳，风景绝佳，有"小峨眉"之称。缙云寺在南朝刘宋景平元年与北温泉同建，为重庆最早寺庙园林。1953 年修建上山公路，1979 年建立自然保护区并设立管理机构。缙云山与嘉陵江小三峡、合川钓鱼城一并被定为国家级自然风景名胜区。缙云山是全国自然保护区，气候温和，雨量充沛，有森林 1300 余公顷，生长着 1700 多种亚热带植物,其中有猴欢喜、无刺冠梨、缙云琼楠、伯乐树、银杏、红豆和飞蛾树等珍稀植物,山中还有世界罕见的活化石树——水杉,此树是1.6亿年前即存在的古生物物种。缙云山从北到南有朝日峰、香炉峰、狮子峰、聚云峰、猿啸峰、莲花峰、宝塔峰、玉尖峰和夕照峰九峰。其中玉尖峰最高,海拔1050米;狮子峰最险峻壮观,其余各峰亦各具风姿。

缙云山步道于2004年规划,2006年建成投入使用,有3条入口上山,分别是区行政中心北侧、城南大学科技园、城北缙泉路,直达白云寺景区大门,其中区行政中心北侧是缙云山健身步道的主入口。缙云山健身梯道建设点原为光秃的山脊,没有任何植被、杂草丛生,北碚新城(大学城)管委会按照保护环境、维护生态的理念开展方案设计,结合现场实际,对方案进行优化,在设计中充分考虑景观建设,对梯道沿线的土壤进行改良,栽植竹类及高大乔木,形成了郁郁葱葱的绿色长廊。

缙云健身步道是北碚区依托缙云山优越的自然、人文条件打造的登山健身综合体,以北碚区行政中心和白云寺为起终点,全长3620米,总台阶数约2680级。健身梯主梯道、大科园主梯道、城北主梯道及景观长廊在森林中互相连通,形成约10公里长的M形林间环线。这条环道起于城北缙泉路,止于城南大科园,占地面积约1万亩。健身步道设置有浮雕、牌坊和缙云山赋等内容,展现了北碚区浓厚的生态文化、养生文化,见图5-3-22、图5-3-23。

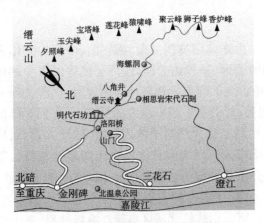

图5-3-22 缙云山景区概况

图5-3-23 缙云山健身步道

(2)龙脊山步道

龙脊山是重庆真武山(南山)山脉中的一段。龙脊山步道以前是南岸区四公里连接老厂至贵州的一条马道,从重庆工商大学大门至龙脊山顶长约1.5公里。该步道以工商大学后门的翠林宾馆为起点,在翠湖山庄分成两条道路至龙脊山顶,环道线距离约2.5公里;西北方向上山小路是登山者自发修建的羊肠小道,且较为陡峭险峻,主要以沙石路为主,至龙脊山山脊约1公里;东南方向上山道路较为平缓,且石板路相对较宽,至龙脊山山脊约1.5公里,山上树林茂密、多有奇石、空气清新,是休闲、健身、纳凉人群的好去处,见图5-3-24。

2007年,南岸区政府投资对步道进行了修缮,拓宽了步道,增设了垃圾桶、休息场地设施等。如今,每天上山健身的人数达千人以上,节假日可达万人以上。

(3)歌乐山登山步道

歌乐山位于沙坪坝区,属中梁山的一只余脉。它以山、水、林、泉、洞、云、雾自然景观和

"清丽、幽深、古朴、旷达"的风格被誉为"山城绿宝石",历代以来一直是文人墨客寻古探幽的圣地。这里松涛苍翠,林壑幽美,点点翠意与湛蓝天空相映成趣,正是人们假日休闲,追寻历史的好去处。

歌乐山健康步道 2007 年建成,又称"人生路登山道",全长约 2 公里,共有 1956 步阶梯,划分少年、青年、中年、老年 4 个阶段步道,见图 5-3-25。

图 5-3-24 龙脊山步道南山书院——龙脊山环道 图 5-3-25 环境优雅的歌乐山步道

(4)铁山坪健身步道

铁山坪森林公园是重庆市主要天然公园之一,是主城区东部的一道绿色屏障,距市中心 20 公里。铁山坪风景区地理位置优越,是江北区地域彩带上的一颗绿色宝石,铁山坪上有 1.8 万亩森林,是重庆主城区的天然氧吧。

铁山坪健身步道位于铁山坪风景区内,位于铁山坪靠长江铜锣峡一面的山腰上,由江北区政府于 2007—2009 年陆续修建完成。健身步道全长约 30 公里,宽约 1.5 米,步道材质为石板路面。健身步道区内空气清新,绿化植被良好,大量种植有松树、香樟和竹林,而且大小景点众多。尤其是东、中、西三条步游道与铁山十景(铜锣朝天、草野星空、花田觅香、松影江月、锁江遗址、幽谷锣鸣、僧官远钟、禅园听雨、爱心庄园、铁山圣泉)、三十六小景汇聚在一起,独显特色。

①东线步道:峡江胜景步道,蜿蜒于樟林、竹林、松林之间,全长 6 公里,坡度较大,有虎头岩、铜锣峡谷西山门、铜锣峡温泉三个出入口,可观峡江奇石、看大江东去,人文景致亦最为丰富。沿途可观铁山十景中的幽谷锣鸣、铜锣朝天、锁江遗址、松影江月四景点,可游览虎头岩、五朵石、樟林忘还、绿竹幽径、峡江辉映、千丈峡峰石、铜锣温泉等特色美景,沿线可拍摄不同层次的峡江胜景点;步道林中皆有石凳石桌,可供休息。

②中线步道:低碳养生步道,从铁山广场、云岭广场,再由花田觅香绕行而下,形成一个循环步道,全长 8 公里,是国家级登山步游道。此步道松林密布、清爽宜人,路旁设有健康标志,还有仪器供游客进行心肺功能的自我检测。沿途搭建了众多大小不一的露台,供人远眺、沿途可观铁山十景中的禅园听雨、僧官远钟、花田觅香、爱心庄园四景点,可游览铁山云梯、对弈廊、观瀑阁、荷塘月色、云水渡、云岭广场、运动公园等特色景观,可进行瑜伽、太极等运动,主打低碳养生理念。

③西线步道:森林休闲步道,从三叠泉沿翠薇路至玉峰山沿线,一步阶梯一步草,长达 5 公里。此步道线路地势最为平缓,几乎与道路平行,游客可随时换乘;茂密的松竹林内藏匿

着众多农家乐、休闲山庄,还有溶洞可供避暑。沿途可观铁山十景中的草野星空、铁山圣泉两景点,见图5-3-26。

(5)李子坝健身步道

李子坝健身步道于2013年初建成,步道以李子坝车站为起点,在豆花村分路,一边通往浮图关,一边可通往大坪,长约1.98公里,宽为2.4~4米,沿途有3个大型休闲平台、1个服务区;沿山还通过多处高架桥连接,有10多个转角,每个转角都设有休息区。游人沿途可看到嘉陵江江景和抗战文化遗址公园、史迪威将军博物馆、飞虎队陈列馆等,见图5-3-27。

图5-3-26　铁山坪步道线路分布图

图5-3-27　李子坝健身步道

(6)建文峰登山步道

建文峰位于重庆市巴南区南泉镇,山脚便是重庆著名的休闲度假胜地——南温泉与花溪河,景色宜人,植物资源丰富。建文峰原名禹山,相传燕王朱棣起兵发难,明建文帝朱允炆最终落败避难于此,削发为僧,度过余生,故后人改称为建文峰。山顶有一座寺庙,内设让皇殿(也称龙隐阁)、建文殿、仙女殿和村姑殿。

建文峰步道于2009年建成,始于巴南区南温泉风景区花溪河畔,直达建文峰顶。步道全长3070米,全部由优质青石砌成,修建了仿古栏杆和6处休闲亭榭,分为直上青云、翠柏叠韵、松涛吟风等九段,见图5-3-28。

(7)走马镇全民登山步道

走马镇全民登山步道建成于2011年,投入资金470万元,全长14公里,与成渝古道连接,旁有三道碑遗址、慈云寺遗址、百寿牌坊、清朝道光年间的石刻等。置身其中,仿佛听见赶马人的喘息、挑夫的呐喊,看见运山货、运茶叶、运丝绸这川流不息的人群紧赶慢忙地走着,见图5-3-29。

图 5-3-28 建文峰登山步道

图 5-3-29 走马镇全民登山步道旁的三道碑遗址

（8）清水溪步道

清水溪步道位于南岸区清水溪健身公园,全长 1550 米。步道沿清水溪伸展,风景秀美,颇具高山流水的氛围,往上走可看到从山里涌出的汩汩泉水。清水溪步道路况较好,环境幽静,适合各个年龄段的居民进行休闲锻炼,见图 5-3-30。

（9）照母山全民健身登山步道

照母山全民健身登山步道位于渝北区照母山植物园内,2003 年 8 月竣工。全长约 1200 米,石梯宽 1.5 米左右,坡度平缓。沿途有石质、木

图 5-3-30 风景秀美的清水溪步道

质休息桌椅,配套设置安全护栏,依山而建,周围环境优美,是公众锻炼游玩的理想场地,见图 5-3-31。

（10）美德公园登山步道

美德公园登山步道位于大渡口区月亮岩与千亩双山公园相接处,步道全长 2 公里,宽 4 米,环绕整个大渡口美德公园。步道不仅串联起亭台轩榭,而且弘扬中华美德,休闲之余,寓教于乐。美德公园目前是全国第一个以"美德"为题材的主题式公园,是重庆市 10 个登山步道公园之一,中华美德公园的修建为市民提供了一个体验城市精神、接受传统熏陶、增进道德素质、集城市公共文化创新于一体的空间。它主要以仿古建构筑物及美德文化打造为主,公园内植物配置采用以高大乔木为主,如:银杏、桂花、小叶榕等,在以乔木为中心点缀灌木或攀缘植物的同时,将高低掩映的植物打造成含蓄莫测的景深幻觉,扩大了公园内的空间感,让人仿佛感受到中华传统美德的源远流长,见图 5-3-32。

图 5-3-31　照母山全民健身登山步道　　　　　图 5-3-32　美德公园登山步道

5.4　重庆市主城区步道规划

5.4.1　规划原则

　　根据步道系统的功能和形式,结合城市发展的实际情况,重庆市主城区步道系统规划按照如下原则来进行:

　　1)整体性原则

　　步道系统规划设计应纳入整合城市公共空间中,建筑、空间环境及步行通廊应融为一个有机整体,各个构成要素符合整体设计特征和基调,并应明确主次,使整个体系秩序井然、协调统一。

　　2)因地制宜的原则

　　根据主城特有的山、水特征,步道系统规划应因地制宜、依山就势,充分利用自然环境与生态条件,顺应地形,使人工环境与自然景色融为一体,个性鲜明,体现重庆独有的山水一体的城市风貌。

　　3)多种方式合理衔接的原则

　　步道系统应是多种方式复合的网络体系,应合理衔接人行道、步行街、广场、公园、人行天桥、自动扶梯、建筑内的通廊、轨道车站、公交停靠站等。

5.4.2　规划依据

5.4.2.1　居民步行出行特征

　　研究区域内居民的步行出行特征,掌握居民的步行规律,对于制定切合实际、高效可持续、协调城市发展的规划方案和策略具有关键作用。选择重庆市主城区代表性道路断面和重要交通节点进行步行人流量调查,并且对主城沙坪坝西永片区步行速度、步行距离、步行出行意愿和满意度等方面进行了步行特性抽样调查,分析主城居民步行出行特征。

1)主城区步行流量调查

(1)典型道路断面步行人流量调查

选取主城区不同等级道路作为调查对象,调查结果如表 5-4-1 所示。

重庆典型道路人行道单侧调查数据(2009 年 6 月) 表 5-4-1

道路性质	调查地点	平日平峰人流量 (人/时) (10:00—11:00)	平日高峰人流量 (人/时)	周末人流量 (人/时)	评价
渝中区 4 车道 (商业区)	临江门	3800	4300	5000	较挤
渝中区 4 车道 (一般地区)	渝州路	2900	3100	3240	不挤
主干路(商业区)	观音桥环道	526	593	2160	不挤
	建新北路	1960	2860	3420	较挤
主干路(一般地区)	红锦大道	206	210	254	不挤
	红石路	498	541	658	不挤
次干路	汉渝路	518	800	1020	较挤
	直港大道	1020	1800	2100	较挤
	洋河北路	80	138	200	不挤
支路	建北四支路	1300	1860	2150	较挤
	红石支路	1315	1350	1420	较挤

分析道路断面人流量,显示以下特征:

①渝中区的步行人流量比其他区大,这是因为渝中半岛老城区的道路周边均为较大人流吸引量的建筑,道路基本属于生活性功能,这些区域的步行人流量较固定。

②步行人流量显示出较强的区域特征,同一条道路在不同区域的步行量差别大,如建新北路与红锦大道。

③主干路的人流量一般都比较大,这与重庆的用地布局有关,大吸引量的建筑通常布置在主干路两侧,使得主干路车多、人多。

④沿道路步行设施要求线路顺畅、直接、快速,行人对立体过街设施的自动扶梯要求较高,而对步道铺装材质和是否有座椅等无太多要求。

(2)重要交通节点人流量调查

重要交通节点是人流量的集中处,人们通过交通节点进行各种交通方式转换。选取轨道车站、重要公交车站进行人流量调查和问卷调查,分析了解在这些重要节点人们对步行设施的需求,以指导规划设计工作。

①轨道交通车站

轨道交通 2 号线全长 19.15 公里,共 18 个车站,平日、周末客流量约 10 万人次,见表 5-4-2。

轨道交通 2 号线各车站全日上下客流量(人/日)(2009 年 6 月)　　　表 5-4-2

项　　目	平日(周三)		周末(周六)	
	上客	下客	上客	下客
较场口	5200	4458	6061	5137
临江门	14580	12650	15438	14555
黄花园	2048	3304	2440	3414
大溪沟	2963	3103	2726	2621
曾家岩	2416	2456	2549	2583
牛角沱	8821	4758	7738	4398
李子坝	2346	3425	2177	3334
佛图关	643	568	639	537
大坪	8561	9573	8844	8992
袁家岗	5958	6670	6681	7285
谢家湾	2770	4029	2883	3799
杨家坪	17735	17358	21822	21456
动物园	6126	6442	7866	7988
大堰村	1903	2090	1569	1782
马王场	3898	4875	4463	5501
平安站	6673	6021	7262	6716
大渡口	3570	4066	4060	4529
新山村	6756	7121	6962	7553
合计	102967		112180	

从表 5-4-2 看出,黄花园站、曾家岩站、李子坝站、佛图关站、大堰村站等客流较少,其原因除需求量较少外,站点与周边建筑物、公交车站的衔接不畅、步行设施不完善有很大关系。

②重要公交车站

重点调查了上清寺、临江门等公交站,详见表 5-4-3。

重要公交站全日上下客流量(人/日)(2009 年 6 月)　　　表 5-4-3

项　　目	平日(周三)		周末(周六)	
	上客	下客	上客	下客
上清寺	7460	8342	6868	8062
临江门	8372	7487	8578	9352
大坪	6658	7180	7075	7912
杨家坪	10301	10018	11015	11089

项　目	平日(周三)		周末(周六)	
	上客	下客	上客	下客
南坪南路	5237	6340	5978	6950
小龙坎	7420	7020	7830	7797
红旗河沟	5490	6625	5069	6442
观音桥东环路	8640	10267	8754	11060

由表5-4-3分析可知,处于通勤核心区内的公交站点在工作日内上下客流量总体较大,非工作日客流则依据自身的商业、娱乐吸引力而出现略微升降;处于居住、生活区域的公交站点非工作日上下客皆比工作日高。根据不同类型站点的上下客流差异,合理规划步道串联起公交站点与通勤圈、商业圈的联系,可有效提高步道的便捷度与服务面。

2) 主城沙坪坝区西永片区步行特性抽样调查[9]

(1)居民步行速度特性

经调查主城西永片区居民步行出行速度均值约为1.22米/秒,步行幅度为0.64米,如表5-4-4所示。由调查数据分析可知,居民步行出行速度在性别(表5-4-5、图5-4-1[9])、年龄(表5-4-6、图5-4-2[9])等因素之间有较大差别。在性别方面,男性步行速度和步行幅度都大于女性;从年龄角度分析,少年儿童、老年人在步行速度和步行幅度特征上相差无几,在步行频率上,少年儿童要高于其他年龄段的人。青年人的步行速度和步行幅度最大,分别达到1.30米/秒和0.66米。

西永片区居民步行参数统计　　　　表 5-4-4

参　数	步速(米/秒)	步幅(米)	步频(步/秒)
平均值	1.22	0.64	1.91

西永片区男性和女性步行参数统计(平均值)　　　　表 5-4-5

性　别	步速(米/秒)	步幅(米)	步频(步/秒)
男性	1.27	0.67	1.89
女性	1.18	0.61	1.92

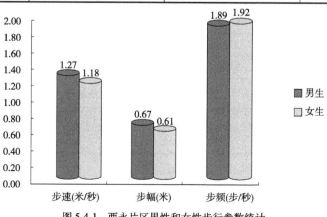

图 5-4-1　西永片区男性和女性步行参数统计

西永片区不同年龄段步行参数统计（平均值）　　表 5-4-6

年　龄　段	步速（米/秒）	步幅（米）	步频（步/秒）
少年儿童	1.06	0.51	2.1
青年人	1.30	0.66	1.96
中年人	1.19	0.64	1.86
老年人	1.04	0.58	1.79

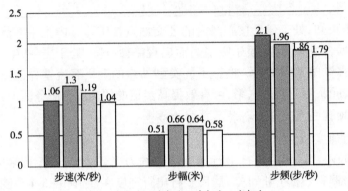

图 5-4-2　西永片区不同年龄段步行参数统计

（2）西永片区居民步行出行距离

步行者因心理和生理的限制，往往只能承受一定的时间和距离范围，出行距离是影响步行方式选择最重要的因素。经调查，西永片区居民步行出行距离一般在 1200~3000 米的最大步行阈限值，由步行转换其他交通方式的距离一般不超过 300 米。如表 5-4-7、图 5-4-3[9]所示，步行出行距离在 2000 米内的比例达到 94.19%，但由于受地形、地貌的限制，用地布局分散，本地居民中长距离的出行偏多，比如 2000~4000 米中长距离出行占比 5.39%。由此可知，缩短步行距离或时间是提高步行方式选择率的重要手段。调查发现，步行设施的利用效果与距离步行者之间的远近有关系，比如人行横道距离行人在 100 米以内时，行人选择人行横道通过马路的比例会更高；当距离行人大于 200 米时，行人直接穿过马路，不选择人行横道的比例大大增加。西永片区居民步行出行距离分布比例见表 5-4-8。

西永片区居民步行出行距离分布比例　　表 5-4-7

出行距离（公里）	0~1	1~2	2~3	3~4	4~5	5~6	6~7	7~8	8~9	>9
比例（%）	58.92	35.27	3.58	1.61	0.31	0.25	0.03	0.02	0.01	0

西永片区行人可接受的绕行距离统计表　　表 5-4-8

可接受的绕行距离（米）	<50	50~100	100~200	>200
所占比例（%）	37.6	48.5	12.4	1.5

（3）西永片区居民步行交通出行意愿及满意度

了解居民在何种意愿下会选择步行出行，对步行系统规划具有重要意义。对陈家桥、微电园片区调查的结果显示，步行出行方便、锻炼身体、短距离是居民选择步行出行的三大原

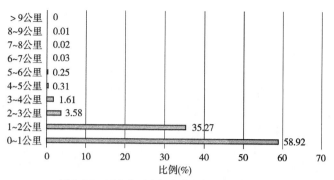

图 5-4-3 西永片区步行方式出行距离分布比例

因,占比达74%,而因经济、环保等因素选择步行出行的比例较小,如表5-4-9、图5-4-4[9]所示。所以在进行步道规划时,要突出步行设施的人性化,增加步道附属设施。

西永片区居民步行出行原因 　　　　　　　　　　表 5-4-9

出行原因	快速	环保	经济	方便	健身	公交状况不好	短距离出行	其他
比例(%)	4	6	5	36	29	8	9	4

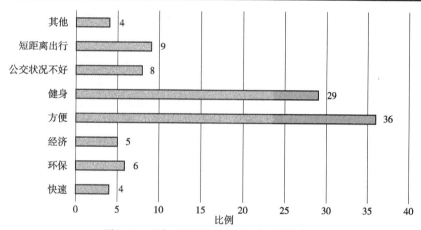

图 5-4-4 西永片区居民选择步行出行原因占比

由表5-4-10、图5-4-5[9]可以看出,西永片区行人对路面平整度的满意度最高;对尾气噪声、路边占道经营和安全性等的满意度较低,这反映出片区汽车尾气噪声、路边占道和安全设施情况有待改善。

西永片区居民步行环境满意度 　　　　　　　　　　表 5-4-10

满意度	指标					
	街道绿化	尾气噪声	路边占道	路面平整度	安全性	方便性
1 分	7%	40%	40%	8%	6%	7%
2 分	12%	26%	25%	12%	13%	13%
3 分	38%	24%	22%	31%	42%	37%
4 分	24%	7%	8%	33%	27%	27%
5 分	19%	3%	4%	17%	11%	15%

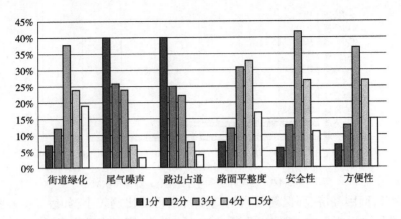

图 5-4-5　西永片区居民对各个出行指标满意度打分
（注：1 分-非常不满意；2 分-不满意；3 分-一般；4 分-满意；5 分-非常满意）

（4）不同年龄组对不同步行过街设施使用感受

调查发现，西永片区居民及过街设施都具有多元特征，不同年龄的居民对不同过街设施的偏好也显著不同，见表 5-4-11。少龄组倾向于立体过街，50%偏好人行天桥，31%偏好人行地道；青龄组偏好平面过街设置（60%）；老龄组偏好平面信号控制过街设施（40%）及人行地道（39%），人行天桥最不受老年人欢迎。为了反映居民对多元步行设施的偏好，调查时将干路过街设施细化为 4 大类、16 小类。平均而言，配备自动扶梯的立体过街设施最受欢迎（人行地道又优于人行天桥），其次是红灯配时不长于 60 秒且有安全岛的平面过街设施，再次之是结合地铁车站的立体过街设施。红灯配时长于 150 秒时，居民倾向于使用人行天桥（即使楼梯很高）；与左转车辆共用相位的人行横道、红灯配时长于 180 秒的人行横道最不受欢迎。

不同年龄对不同步行过街设施的偏好　　　　　　　　表 5-4-11

组别	平面过街设施		人行天桥		人行地道	
	有信号灯	无信号灯	有自动扶梯	无自动扶梯	有自动扶梯	无自动扶梯
少龄组			50%		31%	
青龄组	60%				39%	
老龄组	40%					

（5）西永片区地区行人对不同过街设施的偏好

行人对过街设施的选择是一个二元选择问题，即选择结果为是或者否。但是由于行人在交通环境中总是按照自己的意愿试图获得自认为最优的服务，使过街行为变得复杂。行人设施选择偏好是行人心理特征的表现，分析选择偏好能够确定行人过街的实际行为并以此解释该行为背后的原因。通过分析表 5-4-12 可知，选择过街天桥和地下通道的比例分别为 42.9%和 24.0%，其主要考虑因素是立体过街设施更安全，另有 38.1%的行人会选择人行横道，其主要影响因素是人行横道更能节省时间和体力，且就近方便。

西永片区行人对不同过街设施选择比例　　　　　　　　　　　　表 5-4-12

考虑因素	过街形式与比例		
	过街天桥(42.9%)	地下通道(24.0%)	人行横道(33.1%)
过街安全	50.5%	55.3%	9.5%
就近方便	32.2%	29.3%	7.8%
节省时间、体力	17.3%	15.4%	82.7%

调查结果总结如下：

①如果行人都以安全作为首要考虑因素,那么有91.58%的人将选择过街天桥。

②如果大多数行人(占85%)都能够较好地遵守交通规则,很少违章过街,那么选择过街天桥的行人将会增加10%左右。

③如果行人忽略过街等待时间,那么将有50%的行人会选择人行横道过街。

④当人行横道的安全性显著降低时,在现有绕行意愿的基础上绕行距离可增加50%。即大多数行人能接受的绕行距离增加至150米时,则选择天桥过街的行人仍将增加9%左右。

(6)西永调查片区步行出行时间分布特性

对重庆主城西永片区进行分析结果显示,居民步行时间有四个高峰期,上午7:00—9:00占步行总和的14%,中午11:00—12:00占10%,午后13:00—14:00占12%,下午16:00—17:00占16%,见表5-4-13、图5-4-6[9]。因此,需要针对步行高峰期实施步行交通流组织,处理好步行交通参与者之间的出行关系。

西永调查片区居民步行出行时间分布　　　　　　　　　　表 5-4-13

时间段	7:00—9:00	11:00—12:00	13:00—14:00	16:00—17:00	其他
占步行比例	14%	10%	12%	16%	48%

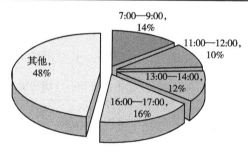

图 5-4-6　西永调查片区居民步行出行时间分布

(7)西永调查片区步行空间特性

对西永片区内典型道路的人行道步行量进行调查,见表5-4-14。

分析表5-4-14可得:

①西永区的人行道平日平峰人流量都达3000人/小时,高峰人流量接近3500人/小时,其他片区,如环寨山坪公园、西永大道与西园路交叉口附近等地方,高峰时人行道流量也不足1600人/小时。这是因为陈家桥镇和西永镇是微电园地区的老中心区,道路周边均为较大吸引量建筑,道路基本属于生活性功能,其他地区大部分处于规划阶段,人流量少。

②步行量显示出较强的区域特征,同一条道路在不同区域的步行量差别大,如微电园轨道站及主要商业集中区使得大学城北路微电园路段明显比其他路段步行流量要多。

③主干路的人流量大,这与重庆的用地布局有关,大吸引量的建筑通常布置在主干路两侧,使得主干路车多、人更多。

西永调查片区典型道路人行道单侧调查数据 表 5-4-14

道路性质	调查地点	平日平峰人流量(人/小时)(10:00—11:00)	平日高峰人流量(人/小时)	周末人流量(人/小时)	评价
主干路	学城大道(寨山坪站附近)	1480	1600	1670	不挤
主干路	学城大道(惠普园北大门站附近)	2100	2300	2300	不挤
主干路	大学城北路(轨道陈家桥站附近)	2800	3100	3390	较挤
主干路	西永大道(西永天街站附近)	3000	3300	3400	不挤
主干路	西永大道(西永大道与西园路交叉口附近)	1200	1300	1400	不挤
主干路	西科大道(综保A区大道站附近)	2300	2600	2780	不挤
主干路	西城大道(微电园一小附近)	1800	2000	2100	不挤
次干路	陈青路(陈青路与沿河西路交叉口)	3100	3300	3480	较挤

(8)西永调查片区其他步行出行特性

①不同交通方式一次性出行时耗。

经调查,西永地区居民一次出行的平均出行时间为 34.5 分钟。从不同交通方式看,步行出行方式平均一次出行时间为 20.5 分钟,而其他交通出行方式的出行时间都超过半小时,这主要与城市建设用地的扩张和居民出行范围增大密切相关,见表 5-4-15。

西永片区居民采用各种交通方式平均一次出行时间统计 表 5-4-15

出行方式	出行时间(分钟)	出行方式	出行时间(分钟)
步行	20.5	常规公交	57.2
自行车	33.1	小汽车	44.1
摩托车	32.2	其他	61.2

②步行者可接受步行时间。

由于地形影响,西永片区所建道路都有一定的坡度,导致步行在相同时间比平坦道路上消耗更多体力。经调查,调查片区内绝大部分步行出行者认为合适的步行时间在一个小时之内。年长者认为合适的步行时间应该在半小时之内;相对年轻的人认为应该在半小时到一小时之间,见表 5-4-16、图 5-4-7[9]。

西永调查片区步行者认为合适的步行时间　　　　　　表 5-4-16

时间	0.5 小时以内	0.5～1 小时	1～2 小时	2～3 小时	3 小时以上
比例	30.8%	38.1%	16.5%	9.7%	4.9%

③步行者对路面铺装的喜好。

尽管绝大部分步行者都喜欢生态环境维护较好的步道,但对路面铺装方式却体现了不同的态度,约有 60% 的步行者希望采取水泥铺装,这部分主要是年龄稍长者或携带了老人、小孩集体出行的家庭,更多人是考虑安全因素;40% 的步行者喜欢自然泥土路面,他们是经常来步道且相对年轻的步行者,更多地关注原生态的维护与展示,见表 5-4-17、图 5-4-8[9]。这要求步道建设必须考虑不同人群的需求,采取多种方式相结合的步道铺装。

西永调查片区步行者对路面铺装的喜好　　　　　　表 5-4-17

铺装形式	自然泥土路	水泥铺装
喜好程度	41.3%	58.7%

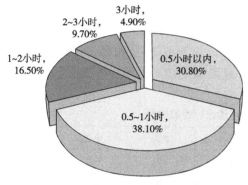

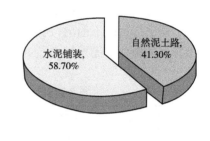

图 5-4-7　西永调查片区步行者认为合适的步行时间　　　　图 5-4-8　西永调查片区步行者对路面铺装的喜好

④步行者对步道附属设施的需求。

目前,西永片区主要居住区为陈家桥和微电园片区,步行出行主要集中于此区域,在调查中被访者均表示目前健身步道的公共服务设施应该加强,尤其是在步道上必须设置垃圾桶、卫生间、休息凉棚和座椅等设施。除此之外,明晰的路标、急救电话、危险警告、安全栏杆等安全设施也是步行者所关注的。而对小卖店、露营地、烧烤地点等设施的需求度并不高。受访者还表示,希望这些设施的建设应结合自然地形植被,不要破坏步道本身的自然生态,说明生态环境维护的意识已经越来越深入人心,见表 5-4-18、图 5-4-9[9]。

西永调查片区步行者对步道附属设施需求程度　　　　　　表 5-4-18

附属设施	垃圾箱	卫生间	休息凉棚和座椅	路灯	路标	里程柱	露营地
需求程度	0.72	0.75	0.73	0.41	0.62	0.38	0.35

附属设施	危险警告	风景、历史、植物	急救电话	安全栏杆	小卖店	烧烤地点
需求程度	0.57	0.48	0.59	0.54	0.45	0.15

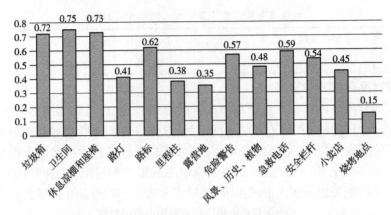

图 5-4-9　西永调查片区步行者对步道附属设施需求程度（注："1"为最高需求度）

⑤不同出行目的下的出行容忍时间。

行人在进行交通活动时主要是实现其时空的转移，因此除了需要考虑行人的空间需求外，还应该考虑行人的时间需求。行人对时间的需求主要体现在不同行人个体的体力、心理、出行目的等方面，其时间价值不同，表现在对事件的容忍承受能力上也不同。西永调查片区居民不同出行目的下的出行容忍时间见表 5-4-19。由表可知，要提高步行出行比例，应尽量使出行目的地处于能忍受出行时间范围内，并且要保证起始点与目的地之间步行设施的连续性。

西永调查片区不同出行目的下的出行容忍时间　　　　　　　　表 5-4-19

出行目的	通勤	上学	购物	业务	社交	游憩
理想出行时间（分钟）	10	10	10	10	10	10
不计较出行时间（分钟）	25	20	30	20	20	30
能忍受出行时间（分钟）	45	30	35	30	35	85

⑥边界距离需求。

边界包括两个部分的边界线，它可能是动线连续过程中的中断，如站台的乘客活动安全区和列车运行轨道的危险区，由站台的边界作为显性的划分；也可能是人们观念中的分割，如站台上排列的数目众多的立柱，由于透视的关系，人们习惯于把它看作站台内侧和外侧的隐性边界。具体的行人边界距离规定见表 5-4-20。

行 人 边 界 距 离　　　　　　　　表 5-4-20

设施	泥 土 土 墙				金属墙	障碍物		对向人流	其他行人	站台边缘
距离（厘米）	30~45	45	15	40	25	20	40	10	60	27.5	80

3）主城区居民步行出行特征总结

结合对主城区步行流量调查和步行特性调查，得到步行者出行的四大特征：

（1）距离特征：步行者因心理和生理的限制，往往只能承受 120 分钟以内、单次 1500～5000 米的最大步行阈限值，而由步行转换其他交通出行方式的距离一般不超过 300 米，超过 500 米后在心理上将会出现抗拒感。

（2）线路特征：步行者特别是以交通为目的的出行者，一般都期望通过直接、快速的步行线路到达目的地。在以交通功能为主的步行通道中，应较多地考虑减少步行者绕行的距离，减少步行者在出行中对距离的厌烦心理。同时，步行的坡度必须适宜行人行走。

（3）环境特征：步行者对于其步行的环境有着十分复杂而多样的需求。大部分步行者希望步行环境是多样的、具有变换性的，期望步行环境有不同的铺装材料与路面条件、两侧风格多样的建筑形式等。在铺装材料与路面条件方面，卵石、砂子、碎石以及凹凸不平的地面在大多数情况下是不适用的，应避免潮湿、滑溜的地面，路面尽量平顺，不要出现过大高差，如果步道必须上下起伏，宜选用坡道而不是台阶。同时结合气候条件，步行系统应与建筑结合，为步行者提供遮阴挡雨等条件，保证舒适的步行环境。

（4）设施特征：结合步行者的行走特征，应在适当的地方布置座椅、绿化、小型广场、雕塑、喷泉等，起到休憩与美化作用。

5.4.2.2　主城区步道功能定位

重庆市作为典型的山地城市，其步道既含有常规步道具备的功能，又兼具山地城市特有的功能，主要体现为如下三种：

（1）步行作为主城地区居民出行的一种重要交通方式，解决日常中短距离（一般 2 公里以内）出行需求。

由于特殊的地理环境，限制了非机动车通勤优势的发挥，城市居民的远距离出行基本上都选择机动车辆为通勤工具，但短距离出行时步行出行方式在总出行方式中所占的比重较大，步行成为居民重要的出行方式，人们靠双脚爬坡下坎，或直接到达目的地或到达其他交通方式换乘点。据调查，在 1 公里距离以内，58.92% 的市民选择步行作为出行最主要的交通方式，选择骑摩托车、骑自行车出行的市民分别以 21.4% 和 9.7% 的比例居第二、三位。高学历、高收入市民选择步行出行的比例较大，1 公里距离内大专及以上学历选择步行的市民达 66.9%，收入在 6001 元以上选择步行的市民达 65.9%，明显高于平均水平。

（2）步行在轨道交通、常规公交、出租汽车等公共交通出行方式中起重要转换作用，如公共交通之间的换乘和"最后一公里"的实现。

每个乘坐公交出行的乘客基本上都要过街，而行人的过街问题正是步行交通与机动车交通之间矛盾冲突的集中反映。步行与公共交通方式快速、便捷的换乘是实现公共交通优先，促使居民出行方式向公共交通方式转移，合理优化居民出行结构的重要手段之一，见图 5-4-10[9]。

（3）步行交通将发挥休闲娱乐、健身的作用。

兼具连接功能和景观功能的游憩步道是居民进行休闲活动的主要场所，在山林步道中步行不但可以亲近自然、缓解生活压力，而且可以强健体魄，在人们的休闲娱乐生活中扮演着重要的角色。例如，位于公园绿地、居住地公共绿地、城市沿山、城市沿河等边缘地带（滨河步道）的散步道既可发挥休闲娱乐功能，又可成为居民健身的场所；而位于城市商业中心或组团商业中心等地带的步行街则主要为居民提供了购物休闲娱乐功能，见图 5-4-11、图 5-4-12[9]。

图 5-4-10　步行与轨道交通、常规公交等公共交通换乘接驳

图 5-4-11　滨水休闲步道

图 5-4-12　生活居住区步道

5.4.3　主城区步道规划情况

　　根据实际调查与现状分析得到的研究成果,指导重庆市主城区步道规划实践,将步道按步行通廊、步行街区和步行单元三个层次进行规划。充分结合主城区内主要商业中心、会展中心、公园绿地、学校等步行重点需求区域,规划在主城中心区形成11条步行通廊、11个步行街区、18个步行单元。

　　步行通廊:在一定区域内较长距离、较强连续性、独立步道或步行区域为主体的步行系统,是周边区域内居民以步行交通方式出行的主要通道,也是居民健身、休闲等多种功能于一体的集中区域。步行通廊应有较强结构性和功能性,能够保证行人连续、安全、舒适行走,贯通步行时间不小于一个小时。

步行街区:主要包括城市商业步行街、城市中心街区、文化旅游街区、地方特色街坊等人流量较大的步行空间。

步行单元:主要包括交通枢纽及轨道站点步行系统、道路步行过街设施、商业区步行单元等。

1)步行通廊规划

根据重庆市主城区地形地貌、城市组团、交通流、步行环境需求等特征,规划 11 条步行通廊:

步行通廊 1:北滨路大竹林段—黄桷公园—北滨路礼嘉段,全长 8.6 公里,连通了北滨路的大竹林和礼嘉两段,串联了黄桷公园,形成了山水一体的走廊,主要由组团隔离带和公园、水体构成。

步行通廊 2:北滨路大竹林段—大竹林礼嘉组团隔离带—断桥湾公园,全长 17.32 公里,支线连通重庆生态公园、人和公园,主要由滨江公园、组团隔离带和公园等构成。

步行通廊 3:断桥湾公园—汽博中心区域—六一水库公园—龙头寺公园—龙头寺步行街区—塔子山公园—滨江路,全长 15.7 公里,串联了公园、北部商业中心区、交通节点和滨江路,成为一条多功能复合的山水通廊。

步行通廊 4:北滨路—洪恩寺公园—重庆花卉园—盘溪河公园—动步公园—柏林公园—大竹林礼嘉组团隔离带—大云公园—礼嘉中心区—白云公园—金山寺公园—礼嘉滨江路,全长 17.8 公里。

步行通廊 5:朝天门—解放碑—枇杷山公园—鹅岭公园—佛图关公园—红岩公园—平顶山公园—三峡广场—清水溪—磁器口—烈士陵园,线路横贯东西,串联了重庆最具有历史文脉的区域和城市商业中心,是极具代表性的步行通廊,全长 19.8 公里。

步行通廊 6:红岩公园—奥体中心—渝高公园—红狮公园—大渡口中心区—金鳌寺公园,主要由公园、体育活动场所、商业中心等构成,全长 20.6 公里。

步行通廊 7:中梁山—华岩寺—九龙人和公园—大渡口中心区—重钢片区—长滨路,贯穿了中梁山、公园、商业中心以及旅游景点等,将山水连通,全长 7.5 公里。

步行通廊 8:钓鱼嘴—白居寺公园—金鳌寺公园—中梁山,连通滨江地区、多个公园和山脉,全长 12.6 公里。

步行通廊 9:江北城—嘉陵江索道—民族路—新华路—长江索道—上新街—黄桷古道—老君洞—南山,通过独具重庆特色的过江索道将两江四岸贯通,串联了城市 CBD 中心区以及洪崖洞、老君洞等旅游景区,全长 5.4 公里。

步行通廊 10:南滨路—科普中心—会展中心—南坪商业区—四公里换乘枢纽—铜锣山,主要由滨江公园、会展中心、商业中心、交通枢纽等多种功能复合,全长 4.5 公里。

步行通廊 11:巴滨路李家沱段—花溪河公园—奶姆山公园—花溪河公园—南泉公园,全长 15.6 公里。

步行通廊规划示意图见图 5-4-13[54]。

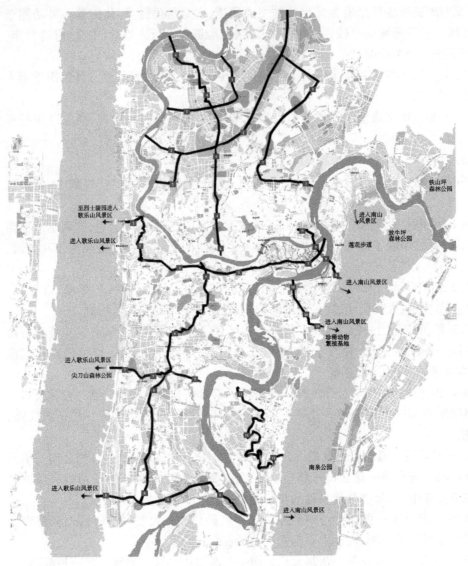

图 5-4-13　重庆主城区步行通廊规划示意图

扫码看彩图

2）步行街区规划

规划结合城市商业中心区分布和交通换乘枢纽分布情况，将未来人流高度聚集区域规划为步行街区，步行街区除纳入了传统的渝中半岛地区外，将现状和规划的城市副中心、江北城 CBD 和主要的城市商业中心区如二郎中心区、汽博中心等划为了步行街区，见图 5-4-14[54]。

渝中半岛步行街区：渝中半岛地区是重庆历史的缩影，也是重庆城市的未来。规划面积约 7 平方公里，是重庆山水城市的集中体现区域，除包括了九大山城步道外，还包含了城市商业中心、文化设施、著名景点以及多种交通节点等功能。

江北城步行街区：未来城市 CBD，区域内布置有重庆大剧院等地标建筑，规划结合标志性建筑，形成城与水互相整合的滨水区域，并与索道等具有重庆特色的交通建筑充分结合。

116

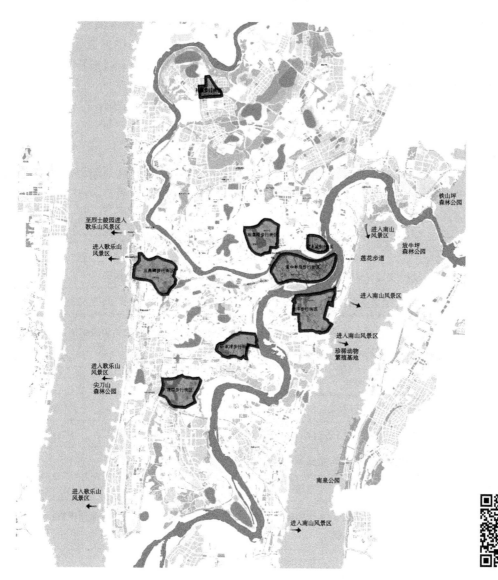

图 5-4-14 重庆主城区步行街区规划示意图

扫码看彩图

观音桥步行街区：城市副中心所在区域，规划面积 4.3 平方公里，规划以观音桥步行街为中心，以发达的各种步行系统实现商业区的拓展，并实现与轨道交通三号线、轨道交通六号线、轨道交通九号线、红旗河沟交通换乘枢纽等的有机联系。

三角碑步行街区：城市副中心所在区域，规划面积 5.4 平方公里，是区域内的商业中心、文化教育中心、交通枢纽，规划以三角碑步行街为中心，通过发达的步行系统与周边大中院校联系，同时与规划的轨道一号线、轨道环线、轨道交通九号线以及城际铁路等形成区域的交通枢纽。

杨家坪步行街区：城市副中心所在区域，规划面积 3.4 平方公里，是区域内的商业中心、交通枢纽，规划以杨家坪步行街为中心，形成动物园—杨家坪—滨江路的步行街区，结合建设厂打造具有工业历史文化特色的步行区域。

南坪步行街区:城市副中心所在区域,规划面积6.3平方公里,是集南坪商业中心、国际会展中心、四公里交通换乘枢纽等多种功能为一种的综合性步行区域,集中打造南山—商业步行街区—滨江路的步行区域,并实现轨道交通三号线、四号线和环线的有机衔接。

大渡口步行街区:传统的城市中心区,是未来城市步行的重点区域之一。

礼嘉步行街区:重庆新区风貌的集中展示区域,以商业区和龙塘公园为中心,打造贯通嘉陵江和绿化隔离带的山水通廊。

3)步行单元规划

结合交通换乘枢纽、轨道站点、对外交通枢纽等交通站点布局,重点在观音桥、冉家坝、大坪、两路口至菜园坝等区域内规划布局步行单元共18处,见表5-4-21、图5-4-15[54]。

步行单元规划重点   表5-4-21

步行单元名称	规 划 重 点
冉家坝步行单元	轨道交通五号线、六号线和环线换乘,以及与周边商业设施的有机衔接
北站站前步行单元	铁路、轨道交通三号线、环线、四号线的换乘,以及与公交、长途等交通设施的衔接
红旗河沟步行单元	轨道交通三号线、六号线的无缝换乘,轨道交通车站与长途、公交站场的衔接,以及与红旗河沟立交地下人行系统的衔接
观音桥步行单元	轨道交通三号线、九号线与商业设施之间的换乘
江北城步行单元	轨道交通六号线、嘉陵江索道与周边建筑过街设施的换乘
牛角沱步行单元	轨道交通三号线、二号线的换乘,以及与周边公交系统的换乘
朝天门步行单元	两江码头与洪崖洞、规划展览馆、朝天门广场等景点的交通联系
解放碑步行单元	轨道交通一号线、三号线的换乘以及与周边商业设施的联系
两路口—菜园坝步行单元	轨道交通一号线、三号线的换乘以及与周边公交系统的衔接,两路口与菜园坝铁路站、长途汽车站的步行连接
大坪步行单元	轨道交通一号线、二号线的换乘
南坪步行单元	轨道交通三号线、四号线的换乘,与周边公交站点以及与商业设施的接驳
四公里步行单元	轨道交通三号线、环线与四公里交通换乘枢纽的接驳
陈家坪步行单元	轨道交通环线与陈家坪长途汽车站的衔接
三角碑步行单元	轨道交通一号线、九号线、环线与城市铁路的衔接,与周边公交站点的接驳以及与三峡广场的有机联系
杨家坪步行单元	轨道交通二号线与商业中心区以及周边公交站点的衔接
大渡口步行单元	轨道交通二号线、二号线支线与商业中心区以及周边公交站点的衔接
鱼洞步行单元	轨道交通二号线、三号线与商业中心区以及周边公交站点的衔接
上桥步行单元	结合铁路新客站的布局,重视铁路与多种交通方式的换乘

图 5-4-15　重庆主城区步行单元规划示意图

扫码看彩图

第6章 山地城市步道规划编制技术指引

为满足山地城市居民步行出行的需求,为城市交通绿色环保出行创造有利条件,充分借鉴和吸收国内外步道规划建设的先进理念,特别是重庆市主城区步道规划的理论与实践,本章归纳总结出山地城市步道规划编制技术指引,为从事山地城市步道规划工作的技术研究人员提供参考。

6.1 步行友好导向的城市规划

6.1.1 规划理念层面

1)确立可持续发展的指导思想

自工业革命以来,世界各国都加速迈入了工业化时代,发达的工业给人们的生产生活带来种种益处的同时,也带给人类生活环境恶化、能源危机等众多问题,引发了广泛关注和担忧。1962年,美国海洋生物学家Rachel Karson进行了早期的反思,在《寂静的春天》一书揭示了高速工业发展模式潜伏的灾难,为人们敲响了警钟。1972年6月5日,113个国家的1300名代表在瑞典首都斯德哥尔摩召开了联合国人类环境大会,会议通过了著名的《人类环境宣言》,发出了"为了这一代和将来世世代代而保护和改善环境"的号召。1987年,世界环境与资源委员会最早提出可持续发展的概念,指出当前世界需要一条新的发展道路,这条道路不仅是在若干年内、若干地方支持人类进步的道路,而是一直到遥远的未来都能支持全人类进步的道路,是人类对环境与发展认识的重大飞跃。所以,城市规划工作应该与可持续发展理念相契合,在交通层面上倡导公交和步行出行,形成绿色、低碳的出行体系。

2)"人本位"的规划理念

城市规划是一项与城市社会发展密切相关的主体性行为,涉及人与自然的关系、人与人的关系、人与自身发展的关系,不管城市如何发展,最终都由一个个人构成城市主体,形成的功能、创造的条件也都是服务于人。即便城市规模、经济、基础设施发展到很高的水平,但若都不是以人的需求为导向或者是不能细化到城市个人的,就不能做到让城市每一个人能够感受到关怀,以人为本永远是城市规划、建设、管理、服务的初衷和最终目标。

城市规划要体现民意,关注民生,致力于提高人民的生活质量,创造舒适、宜居的城市环境,发展丰富多样的地方特色,树立城市形象与品牌。城市规划应在交通、工作、娱乐、教育等方面全方位体现城市公众的利益,切实做到以人为本。

3)城市协调发展的准则

城市协调意味着整合城市所有资源,实行有所侧重、持差异化的共同发展,化解城市发展不平衡以及城市发展与人、环境之间的矛盾。所以城市规划工作要尤其注重生态的平衡性、产业的协调性、布局的合理性等,城市空间结构布局与土地利用在经过利益冲突、价值判断、战略考量的科学论证后再进行规划调整,充分照顾各方利益,统筹兼顾,推动城市协调发展。

6.1.2 规划实施层面

1)强化城市规划法制性

加强城市规划的法制化进程,规划阶段和实施阶段都要体现法律的参与、限制、保障,提高规划严肃性,保证城市规划的严谨及顺利实施条件。1989 年我国出台《中华人民共和国城市规划法》,该项法律的实施正式将我国城市规划纳入法制化轨道,但目前各地方性法规仍然需要完善。

为了避免规划失效、规划实施受阻,使城市朝着期望方向发展,必须加大执法力度,推进执法进程,完善执法措施,强化对城市规划主体和客体的约束机制。

2)规范城市规划管理制度

当前,我国"城市病"情况愈趋严重,如何处理城乡分离、地方保护、恶性竞争等弊病是我国城镇化发展进程中不得不面临的问题。我国城市发展应该考虑由以往的单极式城市扩张转变为组团式城市群的培育,规范城市规划管理制度,才能逐步克服传统城市进程中产生的弊病。

城市规划管理实质上是对城市各建设项目的组织、控制、协调的过程。城市规划管理应该是一个随时更新的过程,对城市建设进行动态的管理、监测,同时规划部门要对反馈上来的信息进行综合考察论证,根据具体情况的变化对规划方案进行及时补充与调整,使城市结构更加科学合理。

6.1.3 规划技术层面

1)节点空间:众多的小庭院而非一个大型广场

北京的天安门广场、上海的人民广场等具有政治背景的广场,最初是用于游行检阅,再加上政府严格控制广场的其他用途,导致这些公共空间普遍缺乏对大众的亲和力,但是,真正妨碍它们被广泛使用的原因,是这些广场巨大的尺度、冷冰冰的形式以及中国人对大型开放空间缺乏兴趣的传统习惯等因素[58]。而今,人口高密度和土地稀缺性的状况更是排除了在城市中心建造更多这样的广场的可能性。

20 世纪 80 年代以后,在一些豪华商业建筑物的室内中庭或裙房的屋顶上也建造了所谓的"广场",这些设施作为公共空间来说没有得到充分利用,因为它们和人行道上的行人是隔离开的,而且建造和维护这些设施的费用都很高,这些地方通常会排斥大众的使用。

应该修建更多位于城市街区内的小庭院,而不是一两个大型广场或豪华的室内中庭,这些小庭院在满足对公共节点空间的需要上会更实用,比如巴塞罗那的众多街心公园、小游园等。这种小庭院大多是有铺砌的、精心设计的室外场所,周围是商业或公共建筑物,但依然可以享受到一些阳光的照射和微风的吹拂。通过一道墙或公众可以进出的建筑物,将庭院与人行道的交通相隔离开。同时,街上的行人也能透过店铺橱窗或开放结构如回廊,看到庭院里的景物,这些小院落要比大广场实用得多。美国佩雷公园、重庆北城天街(图 6-1-1、图 6-1-2[9])就是实例,每个城市中心地区都应该有很多的小庭院,相互之间的距离应该正好适于步行。

图 6-1-1　佩雷公园小庭院　　　　　　　　　图 6-1-2　重庆江北区北城天街

与广场不同的是,城市庭院熟悉的规模和气氛对于中国人来说很具有吸引力,因为这些场所与传统中国住宅内部的院落非常相似,在这里,行人和购物者可以喝上一杯茶或歇歇脚,而居住在附近的年轻人和退休的老人们也能够找到志趣相投的玩伴,从而形成一个个社会小团体。

在我国的历史上,庭院的概念并不陌生,在传统的中国城镇中,寺庙、同乡会馆及其他非官方建筑物所属的院落通常会作为公共开放空间用来举行公众集会、节日演出和社团活动等。上海的城隍庙、重庆的湖广会馆等现在仍在使用。街道两边的传统形式的店铺,店面后面也有庭院,有时候用作小型公众集会的场所。庭院的概念已经引起亚太国家现代建筑师的注意,日本建筑师慎文彦早在 1962 年就开始在东京的代官山住宅区中实践着类似的想法,而新加坡政府在公共住宅区修建的商业性质的庭院,要比附近具有空调设施的购物中心或过大的公园更具人气。

2)绿化空间:铺砌的花园而非景观公园

高密度环境对城市公园本质的理解提出挑战,因为我国工业化以前的城市没有建造公园的传统,现存的公园大部分是西方殖民者在 20 世纪 20 年代或更早时期修建的,其中很多公园是以纽约的中央公园为模型,采用英国景观式园林的设计风格,公园里主要是大片的草坪,草坪之间开辟出多条弯曲的小径,还有蜿蜒的湖泊、起伏不平的小山坡和树丛。城市公园的实质就是模仿自然景观,把乡村带到城市中来,这种观念对新的公园设计方案依然发挥着指导作用。

越来越多的迹象表明,这种形式与今天的城市公园的高使用率不匹配,在许多城市中,除了拥挤的街道之外,仅公园里才有可做多种用途、收费又不高的公共空间。早晨可以作为锻炼身体的场所,其他时段可成为非政府性质的社团组织活动的场所、举办展览和节庆的文化活动中心。1992 年的一项调查显示,在上海的城市公园里,平均每天每公顷土地会接纳高达 1.2 万名游人,在这样高使用率的公园里,"安静"和"私密感"仅仅是相对的,草坪、树木很快被破坏了。这些现象表明,在高密度的环境下,公园的主要功能应该是作为一个"绿化的公共大厅",而不是移植到人造城市中的"大自然的一部分"。

122

这种新的观点所提倡的是一种完全不同的设计策略,第一,公园里的大片土地应该是铺砌好的,但是要留出许多树穴和花坛,这样可以让更多的人把公园当作空间来使用,而不仅仅是无法触摸的风景;第二,应该把绿色植物种在空中(一层或几层)及垂直面上,例如树冠、屋顶花园等;第三,植物种植区和水面都应该用栏杆或其他保护性边缘界定,这些边缘同时也可作为座凳;第四,要表达与自然的联系,可以使用几何形、建筑和人工材料来表现森林和山脉的景象,而不应简单地模拟复制。

我国传统住宅的花园体现了上述准则,反映了古代市民在一个高密度的环境中,尝试运用象征特性重新创造自然。在香港地区的现代城市公园里,无论是规模庞大的香港公园,还是上环地区的袖珍公园,都为"绿化的公共大厅"提供了最新的范例。

3)建筑物与开放空间:重叠而非单一功能

目前,许多城市的规划还停留在"地面"规划的层面上,土地具有单一性质,这在土地充裕、极度铺开的城市可能是可行的,但对我国众多的拥挤城市来说并不适用。

为了更有效地利用珍贵的土地资源,土地利用规划中采用垂直分区的模式已经在一些城市中得以应用,例如纽约。基于同样的准则,可以考虑将公共开放空间与建筑物相互重叠起来,当一处有顶空间的侧面是开放的,而且该空间的高度相对于其水平宽度来说又足够大的话,这样就使太阳光、雨和微风能进入这片空间,从而创造一个与室外开放空间相似的环境。因此,即使在一大堆建筑物下面也能够拥有一个花园或广场。比如日本建筑大师黑川纪章在福岗城市银行巨大的"门廊"里面设计了一个"中间地带"——有顶的广场,让城市中心区有了开放空间。

4)商业街的边缘:多层而非单层

街道在城市的公共空间中占据着主导地位,但商业活动沿着马路无限延伸,使街道失去场所感,如何避免这点就成为一个重要的问题。正如 Kevin Lynch 指出的:"对于线性城市来说,缺乏强烈的中心是一个不利条件,有些功能需要聚集起来,才能繁华兴旺,而中心在心理上是很重要的。"上海商铺业主进行调查的结果显示,长度超过 600 米的商业街使人身体疲惫,吸引不了顾客。在传统的观念中,人们总是偏爱人行道边的带状空间,从而导致了商业活动沿街道的过度蔓延。

第一,可在临街建筑的二层或者半地下层设置更多的人行道。在规划设计时,可以要求在指定地区的建筑业主必须负责延续建筑之间的这些新的人行道。这些露天的或者封闭的新建的人行道可以通过许多公共楼梯从地面方便地进入,站在地面的人们可以看到这些新建通道边的店面或者店铺的招牌。除了在一段街道内增加临街商铺外,高差变化在新的人行道一侧创造了受欢迎的街道界面,吸引着人们在这里交往、观景、购物。以新加坡为例,无论在繁华的乌节路两边还是公共住宅的购物区里,都能看到位于夹层或者二层的商店。

第二是后街小巷网络的规划。走在香港或东京的商业街区里,人们往往会着迷于林荫大道雄伟立面后的小巷,后巷既短又窄,很多街道都是单行道、小型环状路、死胡同,甚至仅仅是人行通道,这些街道的宽度、铺砌以及街边植物都比主要街道更亲切。尽管后巷通常都没有形成连续的街道,但分布广泛的后巷形成了邻近主干道的二级"血管",吸收主干道上过剩的人流和活动,后巷也为寻求更安静和租金更低的场所的商业机构提供了最佳选择,赋予街道功能多样性。

5)城市的边界:绿色地标而非绿带

如果说过度蔓延的商业街会让人们觉得单调乏味,而且也无法感知城市的中心位于何处,那么,当城市建成区在整个都市区里无限量蔓延时,从经济视角来看可能是合理的,但从视觉质量上看,这种现象存在明显问题:无论是游人还是当地居民,不停穿行在车水马龙和"钢筋水泥立方体森林"当中,城市空间同质化严重,到处充盈着商业气息,无论身处何处都给人们的视觉带来审美疲劳,城市的边界往往也都是整齐划一、毫无新意的绿带设计,导致城市范围和位置意向的缺失。城市的边界可以采用效果更好的"绿色地标",建立多个与城市历史文脉、地理地形特点相结合的独具特色的地段标示性视觉系统,提升城市居民的归属感,同时节省城市用地。

6.2 步道规划编制基础——交通调查分析

6.2.1 实地调研与前期资料搜集

1)综合交通基础资料

调研内容包括自然地理、地形地貌、城市空间特征、经济社会、土地利用、道路网络、公共交通、客运枢纽等基础资料。已完成综合交通规划的城市,收集综合交通规划成果以及基础资料汇编,并根据基础年限要求进行补充。

2)步行交通专项资料

步道网络、过街设施现状、步行交通分担率;与步行相关的交通事故资料;步行交通政策与法规;步行交通管理措施等。

3)其他资料

历史文化与景观等游憩资源,与步道相关的城市规划项目成果、专项规划、控制性详细规划、历史文化保护规划,以及近期重大建设项目等。

6.2.2 专项调查

1)意愿调查

采用路边或家访等方式进行问卷调查,获取出行者家庭和个人特征信息、出行信息以及对步行交通设施的意见等。抽样率根据城市现状人口规模确定,并应注意针对特定区域和群体。200万人口以上城市抽样率一般为0.5‰~1‰,200万人口以下城市1‰~3‰,人口规模较小的城市抽样率宜相应取较高值[59]。

2)设施调查

现状城市建设用地范围内,对步道设施、交通管理与安全设施、空间被挤占情况以及公共交通站点(轨道交通站点)、道路沿线出入口、无障碍设施、路面铺装、街道家具、城市阳台、景观设施和服务设施等进行典型抽样调查。

3)步行特征调查

在步行流量集中的高峰时间和地点进行调查,根据需要在城市中心区、交通枢纽区和其他地区分别选取抽样调查点,观测步行流量、速度、过街等待时间、动静态行人空间需求等数据。行人过街特征调查可分不同年龄组、性别、过街条件等进行调查。

上述调查观测时间一般不少于一个高峰持续时间段。对购物、休闲、旅游、健身等场所,可结合该类场所的客流时间分布特征进行补充调查。

6.2.3 现状分析

1)态势分析

从社会经济、城市空间、相关政策等方面分析城市与交通发展对步道的影响,分析步行发展态势。

(1)社会、经济发展。分析社会和经济发展对步道规划建设规模的影响。

(2)城市空间结构特征。从地形地貌、气候、土地利用等方面阐明对步行交通的影响。

(3)相关政策。分析城市在低碳生态、节能减排、绿色交通等方面的政策与目标对步道规划建设的影响。

(4)步行交通发展。分析在城市机动化发展过程中步行交通的发展变化,包括城市空间变化对出行距离的影响,城市人口、机动车保有量等对步行交通的影响。

2)步行需求分析

宏观上,通过定性分析城市自然地理特征、空间结构、用地的功能布局与开发强度等,判定不同区域的步行出行强度与特性,为步行单元划分提供依据;通过定性分析城市中心体系、城市道路等级结构、城市绿地系统、水系、开敞空间、步行单元之间功能联系等,确定步道网络类型、规模、结构、布局。按照步行交通发展目标,根据地区与地段特点、步道网络类型,结合步行合理出行范围,确定步行交通设施服务标准。

微观上,通过分析具体设施所在区位、有效影响范围内的用地类型、开发强度、居住和就业密度以及不同建筑的出行吸引和发生量、方式结构、出行分布等,为确定步行设施的规模和设施控制要求提供量化依据。

6.3 步道规划指引

编制步道规划应保证步行系统的连续性、安全性和舒适性:在商业区,为行人提供安全、趣味与舒适兼备的行人流动路线;在居住区,设置高效、舒适、安全和方便的行人通道系统,贯穿整个邻里范围;在工业区,辟设安全而具效率的行人道网络以连接并贯通工业地区。同时,明确重点步行规划区域,并把山地城市步道区分为基于路网的人行道系统、城市功能分区步行系统、基于高差或大地块的独立于人行道的步道、滨水区域步道、山体步道和无障碍设施保障等[9],对山地城市步行环境提出相关要求,指明规划方向。

6.3.1 重点步行区域规划

1)立交桥

立交是车流交通的交会点,但现有的立交一般都成为人行系统的瓶颈,步行系统就在此被中断。因此,为打造连续的步行系统,立交桥是未来步行的重点区域。

(1)立交桥区域车行交通速度很快,为保证车辆通行和行人安全,人行系统与车行系统必须分离。

(2)立交的设计应优先考虑行人的通行。立交的步行系统应尽量考虑行人在一个高程基本一致的平面内穿越,不应让行人上下穿行于车行匝道之间,给行人心理上造成极大的不舒适感。

(3)困难地区可考虑在地下设计多方向连通的地下步行系统,将立交周边几个方向的步行系统结合起来。

2)换乘枢纽

换乘枢纽是人流高度聚集的区域,人流量大、流动速度快,多种方式的衔接需求多是这一区域的主要特点。在这一区域内,可考虑以下规划措施:

(1)换乘设施宜立体设置,在立体多层空间内解决多种方式换乘,减少出行者横向行走距离,在小范围内实现"零换乘"。

(2)步道的宽度应与人流交通量密切结合。通道宽度应根据设计年限人流量、通道的通行能力计算确定。

(3)主要通道应设置自动扶梯。

(4)平面距离大于 500 米的,应考虑设置水平扶梯。

(5)枢纽应充分考虑无障碍设施。

3)公交停靠站

(1)人行过街立交设施、人行横道等与公交停靠站应紧密衔接。公交停车港应对向设置,横向错开距离不得大于 50 米,人行过街设施到公交停车港距离不得大于 100 米。

(2)公交停靠站距离商业区主要步行通道、居住区人流主出入口距离应在 100 米以内,尽可能让出行者快速地到达公交站点。

(3)轨道交通车站应与公交停靠站结合设置,横向换乘距离不应大于 100 米。轨道车站与公交停靠站之间应有直接的步行通道联系,通道距离不宜过长。

4)单循环

单循环主要有两类:一类是商业中心区,如重庆市观音桥商圈、南坪商圈等,都采用了单循环交通的组织形式,这类地方既是人流的中心,也是车流交通的转换中心,因此这类地区应着重考虑人车分离。

另一类是为方便交通组织而设置的单循环,如重庆市大坪、石桥铺等,交通集中性很强,人流相对较少,这类地方应在单循环中规划可多个方向穿越的横向步道,并且要处理好过街行人与车流交通的关系。

(1)单循环地区应充分考虑居民过街需求。结合周边建筑和人行需求,应在单循环周围合理设置步行设施。例如,重庆市主城区的单循环多为交通汇集地区,步行设施应尽量采取立体设置,与车行交通分离。

(2)单循环内部应设置不小于两条的可横穿单循环的步道,保证行人通过单循环不绕行。并且步道应与过街的设施相结合,形成连续的步行系统。

5)桥头

(1)桥头不宜设置交通转换点,如车站等。如需要设置,人行步行系统必须设置成立体的形式。

（2）合理利用桥头的绿地空间，可根据具体情况，结合滨江空间将其设置成为市民休闲公共空间。

（3）桥头步道和公园的设计可结合滨江空间进行整体设计。

6）轨道交通车站

（1）轨道交通车站步道的宽度应不小于 7 米。

（2）地面铺装应采用防滑性能高的铺装材料。

（3）通道的立面布置设计应统一、有序。

（4）轨道车站的出入口应与周边建筑设施、人流特征、其他交通方式的转换相协调，最大限度地为市民的出行提供便捷的通道。

（5）轨道交通车站的出入口标识、换乘标识应清晰明确。

（6）封闭式的通道应有良好的照明度。

（7）超过 200 米的步行通道，可考虑设置平面扶梯；高差大的区域可采用直梯等形式。

（8）轨道交通车站由于多采用高架或地下的形式，上下的梯道应设置自动扶梯。车站应充分结合两侧人行过街需求统一考虑。

（9）轨道交通车站建议尽可能与周边商业建筑连通。商业建筑客流可以直接进出轨道交通车站。

6.3.2 城市功能分区步行系统规划

1）商业区

一般城市商业街区的建设往往偏重于道路交通的解决，轻视了步行交通的重要性。根据现状调查，重庆市主城区几大商圈平均小时过街人数远大于 3000 人，在这样的条件下，为了安全及避免对车行造成的拥堵，应规划修建人车分离的人行过街系统。

针对商业区域的步行系统规划应满足以下的基本原则。

人车分离的原则：商业密集地区是人、车交通大量聚集的区域，通过平面复合的方式已经不能满足车辆连续通行和行人大量穿越的需求。因此，应在这些区域内实施人和车的立体分离。

在较平坦的区域，可设置自行车道，原则上讲，汽车的通行空间和行人、自行车的通行空间应分离。最好应利用人行道和自行车道，将行人和自行车的通行空间分离；当行人或自行车交通量小以及空间受限制时，也可将自行车、行人专用道路作为行人和自行车共有的通行空间，此时，最好应利用着色路面等划分通行空间，见图 6-3-1[9]。

步行距离就近的原则：在商业步行街内的步行系统，可以适度通过道路线形的变化，给行人一个相对舒适的步行感受。应注意尽可能短的步行距离，使步行者能够快速、直接地穿越步行街，到达周边目的地。

连续不间断的原则：应为步行者创造一个相对走廊和相对高度连续的步行系统，使步行者可以行走在一个连续不间断的、不用反复上楼下坡的舒适的步行环境中。

整合利用的原则：应充分利用周边商业建筑二层平台或地下空间，通过天桥或地道，实现多重的连续步行系统，将单调的步行与丰富的商业活动结合起来。

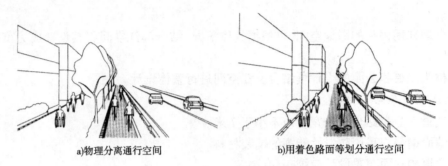

a)物理分离通行空间　　　　　　　b)用着色路面等划分通行空间

图 6-3-1　通行空间分离

因此,在商业地区的步行系统规划中,应考虑以下措施:

(1)在商业中心区,应建立人车分离的步行系统。步行过街通道与车行道必须采用立体复合的形式,天桥或地道的设置应充分与周边商业建筑相结合。

(2)在步行街内规划多条贯穿多个方向的通道,并且通道宜划为连续的,并在高程上相互衔接,尽可能避免行人的反复上下。通道内有高差的地方应考虑设置自动扶梯。

(3)商业区内同一方向上宜规划多条通道,给行人一个可选择的空间。中心商业区步行通道宽度不得小于 10 米,一般区域步行通道宽度不得小于 5 米。

(4)最好在商业建筑之间把二层空间贯通或把地下空间贯通,这样既可以加强商业建筑的联系,又可以在地面空间以外形成一条新的过街通廊。通廊宽度宜在 5~10 米内。通廊上可适当设置植物小品或少量休憩场所。

(5)商业街区的公交停靠站距离街区的主要步行通廊距离不得超过 100 米。

(6)步行通廊的设置应与轨道交通车站相结合,以便于居民以最短时间进出轨道交通车站。

(7)商业区周边停车楼或地下停车库的设置须与人行设施相结合,停车楼或地下车库到达商业区的步行时间不应超过 5 分钟。

(8)出租汽车招呼站的位置在与主要交通流没有冲突的前提下,建议结合商业区内重要商业建筑(大型商场、餐饮、娱乐、酒店)设置,招呼站可以多点设置,站点至重要商业建筑的步行距离不宜超过 50 米,并适应考虑遮挡设置。

(9)步行主要通道和道路应充分考虑无障碍设施的规划设计。

2)居住区

居住区与商业区相比,以商业活动为目的的步行者相对较少,区域内步行的主要目的均为以日常出行为主,同时兼顾一些生活性的步行活动。居住区内步行系统的重点应是为步行者创造一个方便快捷的出行条件。结合居住区内居民出行需求,提出居住区步行系统的规划措施如下:

(1)居住小区内部应形成多方向通达的步行系统,居民穿越任意一个方向的步行距离一般不应超过 500 米。

(2)大型居住小区(单边长度超过 500 米)应在其区域内规划多方向贯通的步行通道,保证居民穿越的步行距离不得大于 500 米。

(3)公交停靠站的设置应与居住区的主要人流出入口密切结合,停靠站距离主要人行出入口的距离宜小于 200 米。

（4）居住区内的通道设置应与规划轨道交通车站相结合,轨道交通车站的进出通道与居住区内通道横向距离应不大于 100 米。并且轨道交通车站应充分与人行过街系统相结合。

（5）为了确保各种各样的行人更方便、更安全的行走空间,应将宽度、坡度、路面和平坦性等道路构造实施无障碍化,形成连续的步道网。

（6）居住小区的主要人行出入口不宜设置在交叉口处,建议出入口距交叉口距离宜在 100 米以上。

（7）居住区内的人行过街应与道路相结合,主要道路采用天桥或地道的形式,次要道路可采用平面过街。

（8）居住区内各小区的步行出入口位置应相对集中设置,以便有利于步行和公交系统在最短距离内接驳,也有利于减少居民不必要的绕行。

3）工业区

工业区的步行交通与居住区有相似的地方,都是以交通出行为目的的步行占主导地位。相比居住区,工业区的步行交通需求的爆发性更强（突然某个时间有大量的步行需求产生,如下班时间）。工业区的步行交通原则应以应对爆发性的、以交通出行为目的的步行为主。主要考虑在通道上为大量步行者通过和快速到达其他交通方式创造条件,主要采取的措施如下:

（1）沿工业区道路铺设完整的步道。

（2）人行过街系统应与工业区内主要工厂的进出口相结合,工厂主出入口距离过街设施不应超过 100 米。

（3）工业区内人行过街设施的宽度应充分考虑大量人流通过的需要,建议宽度应不小于 5 米。

（4）公交停靠站的设置应与人行过街相结合,横向距离不得大于 200 米。

（5）工厂的出入口应集中设置。

6.3.3 基于高差或大地块的步道

当大面积地块或区域内没有对外开放的穿越步道时,行人不得不沿道路远距离绕行,对步行者的体力、心理与时间承受能力是一个严重的挑战,很多步行者不得不穿梭于车行交通中,这既加剧道路交通压力,也造成较大安全隐患。因此对新规划项目,如单边长度大于 500 米的地块,建议在其垂直于该边的方向规划设置全天对公共开放的步道,垂直方向通道之间的平均间距不得大于 300 米。

具有高差的地块可采用步行梯道的形式。步行梯道的坡度宜采用 1:2~1:2.5,梯道高差大于或等于 3 米时应设休憩平台,平台长度大于或等于 1.5 米,设置少量座椅和休闲设施。

6.3.4 滨水区域步道

1）滨江步道的总体设计指引

（1）滨江空间的设计应以休闲、舒适、安全、宜人的环境为主导原则。

(2)滨江步道应与城市步道系统紧密结合,城市步道应向滨江岸边延伸发展,增强滨水空间的可达性,为人们休闲提供便捷的通道。

(3)滨江空间应具有连续性,并应与沿江相应重要节点(港口、交通换乘点、居民出入点、沿江风景区景点等)相衔接,形成沿江的整体风景线。

(4)滨江步道与滨江公园、桥头绿地空间应进行整体设计。

(5)滨江空间的设计应充分考虑安全因素,设置相应的护栏等安全设施。

(6)滨江步道是带状的开放空间,其设置应避免单一和单调,可采用多样性的设置,以给人闲静、富有趣味的心理感受,如石质步道、栈道、自行车道、观景平台、垂钓平台等。

2)不同类型的滨江空间设计指引

(1)直立式(高架和垂直挡墙)的滨江空间区域,建议其设置二层步道平台或向外延伸的滨江步道空间,并与周边居民出入点做好衔接,在亲水活动受到限制的条件下具有良好的观景视线和观景平台,以提高人们的生活品质。

(2)倾斜式护岸的滨江空间,具有较高的亲水性,在设计上应更注重绿化、亲水休憩场地、各台阶的竖向立体景观联系等细节设计。

(3)台阶式的护岸,是亲水性最高的护岸,但容易给人单调的人工性的感觉,在设计上可从局部绿化、休闲设施等细节设计上多加考虑,以减少单调的视觉和心理感受。

(4)自然岸线的滨江区域应随着周边用地的开发建设同步进行合理的开发和景观设计,使滨江空间成为连续的景观地带,使每个空间能得到合理的利用。

6.3.5 山体休闲健身步道

1)山体步道的总体设计指引

(1)登山的步道线路可采用多条,相互间能互相衔接、穿插,将山体空间充分利用,让人们能更多地体验登山的乐趣。

(2)登山步道系统应与山体周边步道系统相衔接,增强登山步道的可达性。

(3)登山步道的设计应摒弃单一的形式,从铺砌材质、铺砌形式、两侧空间设置,或采用其他如栈道、吊桥等多种方式实现空间的变换,使长长的空间不给人单调的感觉。

(4)在山体相邻的中心区交通换乘点,应有公交车等交通方式直达景区的起点,增加景区的可达性。

2)山体步道的细节设计指引

(1)登山步道两侧应利用局部平台空间设置一些小品空间,提供休憩座椅,以供人们登山途中休息。

(2)登山步道的外侧应设置栏杆等安全防护措施。

(3)登山步道应设置照明设施。

(4)登山步道的宽度不宜小于5米。

(5)登山步道线路的标识应清晰明确,在登山的入口处、线路有交叉的地方都应设置清晰的指示牌。

(6)线路较长的登山步道应与盘山的道路局部相衔接,可供人们按自身不同的身体状况对不同的登山方式进行选择。

6.3.6　无障碍设施

1）步道缘石坡道

缘石坡道设计应符合下列规定：

(1)步道的各种路口必须设缘石坡道。

(2)缘石坡道应设在步道的范围内,并应与人行横道相对应。

(3)缘石坡道可分为单面坡缘石坡道和二面坡缘石坡道。

(4)缘石坡道的坡面应平整,且不应光滑。

(5)缘石坡道下口高出车行道的地面不得大于 20 毫米。

总之,在步道规划中,缘石断开的地方要毫无遗漏地设置缘石坡道,构成全线无障碍。

2）盲道等无障碍设施

(1)步道设置的盲道位置和走向,应方便视残者安全行走和顺利到达无障碍设施位置。

(2)指引残疾者向前行走的盲道应为条形的行进盲道;在行进盲道的起点、终点及拐弯处应设圆点形的提示盲道。

(3)盲道表面触感部分以下的厚度应与步道砖块一致。

(4)盲道应连续,中途不得有电线杆、拉线、树木等障碍物。

(5)盲道宜避开井盖铺设。

(6)盲道的颜色宜为中黄色。

3）公交站点

沿步道的公交站点,提示盲道应符合下列规定：

(1)在公交站牌一侧应设提示盲道,其长度宜为 4~6 米。

(2)提示盲道的宽度应为 0.3~0.6 米。

(3)提示盲道距路边应为 0.25~0.5 米。

(4)人行道中有行进盲道时,应与公交站点的提示盲道相连接。

总之,应在公交站点铺设提示盲道,要求提示盲道有一定的长度和宽度,使视残者容易发现候车站的准确位置。步道上未设置盲道时,从站点的提示盲道到步道的外侧可引一条直行盲道,使视残者更容易抵达站点位置。

4）人行天桥及地道

城市的中心区、商业区、居住区及主要公共建筑,是人们经常涉足的生活地段,因此在该地段设置的人行天桥和人行地道应设坡道和提示盲道,以方便全社会各种人士的通行。

(1)人行天桥、人行地道的坡道应适合乘轮椅者通行。

(2)梯道应适合拄拐杖者及老年人通行。

(3)在坡道和梯道两侧应设扶手。

(4)坡道的坡度不应大于 1：12;在困难地段的坡度不得大于 1：8(需要协助推动轮椅行进)。

(5)弧线形坡道的坡度,应以弧线内缘的坡度进行计算。

(6)坡道的高度每升高 1.50 米时,应设深度不小于 2 米的中间平台。

(7)坡道的坡面应平整且不应光滑。

5)桥梁、隧道、立体交叉

（1）桥梁、隧道的步道应与道路的人行道衔接，当地面有高差时，应设轮椅坡道，坡道的坡度不应大于1：20。

（2）桥梁、隧道入口处的人行道应设缘石坡道，缘石坡道应与人行横道相对应。

（3）桥梁、隧道的人行道应设盲道。

总之，为使行动不便者能方便、安全地使用城市道路，应在步道上规划设置无障碍设施，包括缘石坡道、坡道与梯道、盲道、人行横道、标志等，符合表6-3-1的规定。

步道无障碍设施规划要求　　　　　　　　　　　　　表6-3-1

序号	设施类别	规 划 要 求
1	缘石坡道	在交叉口、街坊路口、单位入口、广场入口、人行横道及桥梁、隧道、立体交叉等路口步道应设缘石坡道
2	坡道与梯道	城市主要道路、建筑物和居住区的人行天桥和人行地道，应设轮椅坡道和安全梯道；在坡道和梯道两侧应设扶手。城市中心地区可设垂直升降梯取代轮椅坡道
3	盲道	1.城市中心区道路、广场、步行街、商业街、桥梁、隧道、立体交叉及主要建筑物地段的人行地道应设盲道； 2.人行天桥、人行地道、人行横道及主要公交车站应设提示盲道
4	人行横道	1.人行横道的安全岛应能使轮椅通行； 2.城市主要道路的人行横道宜设过街音响信号
5	标志	1.在城市广场、步行街、商业街、人行天桥、人行地道等无障碍设施的位置，应设置符合国标的通用无障碍标志； 2.城市主要地段的道路和建筑物宜设盲文位置图

6.3.7　步行环境要求

为确保步行舒适性，还需考虑步道通行空间使用的原材料、景观改善和信息提供设施等。

1）行人通行空间使用的原材料及设施

使用的原材料应确保雨天时步行路面不会打滑、积水，沿线设置安全、排水设施等。

2）行人通行空间等的景观改善

为了改善道路的景观，应对植树、防护栏和照明设施等道路附属设施的形状、色彩等进行考虑。

3）行人信息提供设施

为了便于提供信息，根据具体需要，应设置能够指导行人的标志、地图、电子显示屏等设施。此时，需要考虑行人的通行和景观。

4）照明设施

在照明方面，必须确保步道的整体照明和足光照明。

6.4 步道评价指引

6.4.1 评价框架

山地城市步道规划可以使用具体指标按"高(5分)""中(3分)""低(1分)"三个层次进行评价。

6.4.2 评价指标

1)资金花费

(1)低:单条步道资金花费超过300万元人民币。

(2)中:单条步道花费为150万~300万元人民币。

(3)高:单条步道花费低于150万元人民币。

2)步道成网率

(1)低:平行于已建步道或者孤立于城市空间中。

(2)中:与其他步道相连接,步道间差异不明显。

(3)高:与已建步道连通、各步道相对独立、风格特色明显。

3)建设难度

(1)低:步道需要占用私人空间,并且需要较大工程量。

(2)中:步道需要详细设计,工程量适中。

(3)高:步道能够比较容易地建设。

4)安全性

(1)低:步道邻近低人流量的道路,或者直接与机动车混合出行。

(2)中:步道邻近高人流量的道路,或者低人流量的支路。

(3)高:步道邻近高人流量的支路或干道,步道宽度至少3.5米。

5)步行需求

(1)低:步道邻近低人口密度的居住区和工业区。

(2)中:步道邻近或直接与高步行需求地区联系,如山体空间、滨水区域、当地景点、学校、老年人聚集区域、商业区等。

(3)高:步道邻近或直接与两条以上高步行需求地区联系。

6)公交线路

(1)低:步道没有与公交线路连接。

(2)中:步道与低利用率公交线路衔接。

(3)高:步道与常用的高利用率公交线路衔接。

7)现状步行设施

(1)低:步道单侧设置步行相关设施。

(2)中:步道单侧设置步行相关设施,且至少一侧设置有步行路肩。

（3）高：步道双侧设置步行相关设施，且至少一侧设置有步行路肩。

8）步行适宜性

（1）低：当前的步行适宜性比规划调整后的步行适宜性好，即步行体验有所下降。

（2）中：当前的步行适宜性同规划调整后的步行适宜性相同。

（3）高：规划调整后的步行适宜性比当前的步行适宜性好。

参 考 文 献

［1］黄光宇．关于建立山地城市学的思考［J］．山地城镇规划建设与环境生态,1994.

［2］崔叙,赵万民．西南山地城市交通特征与规划适应对策研究［J］．规划师,2010(02)：79-83.

［3］王佳荔．山地城市交通方式及其一体化融合技术政策研究［D］．重庆:重庆交通大学,2014.

［4］刁建新,李文博,刁玉静．关于城市山地道路设计的几点思考［J］．公路交通科技（技术版）,2011,7(1):60-62.

［5］李泽新,童丹,李治,等．山地城市人性化交通建设目标与措施［J］．规划师,2014(7)：21-26.

［6］刘艳．基于地域文化景观塑造的山地城市步行空间设计研究［D］．重庆:重庆大学,2013.

［7］兰勇．四川古代栈道研究［J］．四川文物,1988(01):2-10.

［8］韩冬青．城市·建筑一体化设计［M］．南京:东南大学出版社,1999.

［9］重庆交通大学,重庆市规划局．重庆市山城步道和自行车系统基础研究及建设标准实践［R］,2014.

［10］张莉．重庆市步行交通系统研究［J］．交通与运输,2008(H12):1-4.

［11］张丽杰,杨熙宇,陆峥嵘,等．城市更新背景下的步行系统规划策略研究［J］．现代城市,2016(03):27-31.

［12］谭少华,郭剑锋,江毅．人居环境对健康的主动式干预:城市规划学科新趋势［J］．城市规划学刊,2010(04):66-70.

［13］谭少华,王莹亮,肖健．基于主动式干预的可步行城市策略研究［J］．国际城市规划,2016(05):61-67.

［14］雷诚,范凌云．生态和谐视角下的山地步行交通规划及指引［J］．城市发展研究,2008(S1):73-76+80.

［15］叶彭姚,陈小鸿．雷德朋体系的道路交通规划思想评述［J］．国际城市规划,2009,24(4):69-73.

［16］Jacobs A B. Looking at Cities［J］. Places A Quarterly Journal of Environmental Design, 1985,1(4):28-37.

［17］Gehl J,Gemzøe L. Public spaces,public life［J］. How to Study Public Life,1996,2(1).

［18］扬·盖尔,拉尔斯·吉姆松,汤羽扬．公共空间·公共生活［M］．北京:中国建筑工业出版社,2003:97-97.

［19］Monheim R. Fußgängerbereiche und Fußgängerverkehr in Stadtzentren in der Bundesrepublik Deutschland:mit 53 Tabellen［M］. Dümmler,1980.

［20］刘涟涟．德国城市中心步行区与绿色交通［M］．大连:大连理工大学出版社,2013.

［21］张京祥．西方城市规划思想史纲［M］．南京:东南大学出版社,2005.

[22] 鲁斐栋,谭少华. 基于新城市主义理念的步行干预规划策略探讨[J]. 西部人居环境学刊,2013(5):72-79.

[23] 王一名. 基于紧凑城市理念的重庆中心步行区现状调查及设计策略研究[D]. 重庆:重庆大学,2013.

[24] 戴志中,刘彦君,杨宇振. 国外步行商业街区[M]. 南京:东南大学出版社,2006.

[25] 欧力. 城市中心区步行系统规划方法研究[D]. 武汉:华中科技大学,2008.

[26] Ernawati J. Dimensions Underlying Local People's Preference of Street Characteristics for Walking[J]. Procedia-Social and Behavioral Sciences,2016,234:461-469.

[27] Ariffin R N R,Zahari R K. Perceptions of the Urban Walking Environments[J]. Procedia-Social and Behavioral Sciences,2013,105:589-597.

[28] 戚路辉. 城市步行空间人性化设计要点[J]. 山西建筑,2010(16):4-5.

[29] 李岚. 浅谈城市步行空间[J]. 中国集体经济,2008(01):97-98.

[30] 陈雷. 城市步行系统空间形态初探[D]. 大连:大连理工大学,2006.

[31] 郭巍,侯晓蕾. TOD 模式驱动下的城市步行空间设计策略[J]. 风景园林,2015(05):100-104.

[32] 马强. 近年来北美关于"TOD"的研究进展[J]. 国际城市规划,2009(S1):227-232.

[33] 刘涟涟,尉闻. 步行性评价方法与工具的国际经验[J]. 国际城市规划,2017(02).

[34] 李得伟,韩宝明. 行人交通[M]. 北京:人民交通出版社,2011.

[35] Manual H C. HCM2000 (2000)[J]. Transportation Research Board,2000.

[36] 陈峻,徐良杰,朱顺应,等. 交通管理与控制[M]. 北京:人民交通出版社,2012.

[37] 魏皓严,朱晔. 步行城市设计研究的三个方向[J]. 时代建筑,2016(03):170-175.

[38] 孙靓. 城市步行化[M]. 南京:东南大学出版社,2012.

[39] 本社. 世界城市状况报告[M]. 北京:中国建筑工业出版社,2010.

[40] 克罗吉乌斯. 城市与地形[M]. 北京:中国建筑工业出版社,1982.

[41] 李和平,邓柏基. 试论山地城市步行系统建构[J]. 土木建筑与环境工程,2003,25(2):25-31.

[42] 邓柏基. 山地城市步行系统规划设计初探[D]. 重庆:重庆大学,2003.

[43] 张鸿雁. 城市形象与城市文化资本论[M]. 南京:东南大学出版社,2002.

[44] 卢济威,王海松. 山地建筑设计[M]. 北京:中国建筑工业出版社,2007.

[45] 祝烨. 构建绿色出行公交优先的综合交通体系规划方法——以北碚组团交通发展战略规划为例[J]. 重庆建筑,2015(2):15-17.

[46] 徐华海,程世丹. 以步行网络为基础的城市复兴策略研究[J]. 华中建筑,2009(06):63-65.

[47] 钟文. 街道步行空间的人性化设计[D]. 长沙:湖南大学,2005.

[48] 李朝阳,张丽超. 新加坡步行交通系统简介[J]. 理想空间,2013:128-131.

[49] 李慧轩. 城市滨水地区持续开发的成功实例——美国丹佛市普拉特中央谷地规划(1991)[J]. 国际城市规划,2001(3):27-30.

[50] 蒋存妍,冷红. 寒地城市空中连廊使用状况调研及规划启示——以美国明尼阿波利斯

市为例[J].建筑学报,2016,(12):83-87.

[51] 胡剑双,范风华,戴菲.快速城市化发展背景下城市绿道网络与空间拓展的关系研究——以日本城市绿道网络建设历程为例[C].2013中国城市规划年会,2013.

[52] 倪莉莉.山地城市新区促进步行出行的规划设计方法研究[D].重庆:重庆大学,2012.

[53] 段婷,运迎霞.慢行交通发展的国内外经验[J].道路交通与安全,2017(2):27-33.

[54] 傅彦.重庆主城区步行系统存在问题及规划构想[J].城市地理·城乡规划,2011(4):108-113.

[55] 杨晋苏.基于自组织适应性的重庆渝中半岛山城步道发展规划策略研究[D].重庆:重庆大学,2011.

[56] 罗倩兰.重庆市主城区商业步行街使用状况评价[D].成都:四川农业大学,2012:19-20.

[57] 佚名.重庆市三大步行街调研报告终稿[R].百度文库,2017.

[58] 缪朴,司玲,司然.亚太城市的公共空间[M].北京:中国建筑工业出版社,2007.

[59] 江苏省住房和城乡建设厅.江苏省城市步行和自行车交通规划导则[M].南京:江苏人民出版社,2013.

本书图片来源：定鼎网，华龙网，量子-新浪博客，美丽之冠绿卡网，好耍网，张养浩说_新浪博客，上网看看网，全景网，360百科网，维基百科，欣美途旅游网，凤凰网，transport-research网，邱秉瑜，蜂鸟网，book118网，视觉中国，蓬山老叟_新浪博客，MBA智库文档，蚂蜂窝网，图加加网，人民日报_刘韬摄，谷歌地图，香港特区政府旅游发展局，港生活网，去哪儿网，搜狐网，中国甘肃网，甘肃政务服务网，海之旅，网易新闻，中山日报，广州市城市规划勘测设计研究院官方网，资阳大众网，沙坪坝新闻网，中关村在线Z活动网，大渝网新闻中心，百度图片，国家地理中文网，网易博客，山上的风_新浪博客，图虫网，汇图网，中国旅游网，风之子_新浪博客，重庆时报，新华网，重庆日报，重庆晚报数字报，中华网库，杜帝_新浪博客，巫山信息网，澎湃新闻，纳豆留学网，札幌城市官网，百度百科等。